トコトンやさしい電磁気の本【正誤表】

（本書内に誤りがありましたので、お詫びして訂正いたします。）

P47　第3章17項左ページ下「偏微分とは？（実例で確認）」
下から3行目の数式

【誤】　$(\frac{\partial}{\partial y})F(x, y, z) = (\frac{\partial}{\partial y})(xy + yz + zx) = x + y + 0 = x + z$

【正】　$(\frac{\partial}{\partial y})F(x, y, z) = (\frac{\partial}{\partial y})(xy + yz + zx) = x + z + 0 = x + z$

P158～159　「本書で使用する数学の基本公式集」
「①三角関数」

図

【誤】対辺が x

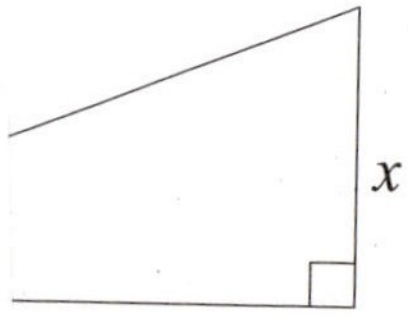

【正】対辺が y

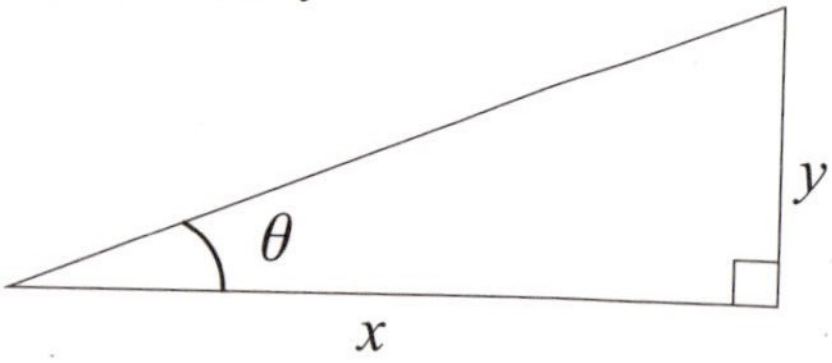

「③微分 複合関数の微分（分数形）」
例）の数式右辺の1行目の分子

【誤】　$= \frac{(x^3+2)'(x^2+1)' - (x^3+2)'(x^2+1)'}{(x^2+1)^2}$

【正】　$= \frac{(x^3+2)'(x^2+1) - (x^3+2)(x^2+1)'}{(x^2+1)^2}$

「⑤偏微分」
最後の行

【誤】　関数 $f(x, y)$ の y による偏微分：$\frac{\partial}{\partial y}f(x, y) = (\frac{\partial}{\partial y})(x^2 - y^2) = 2y$

【正】　関数 $f(x, y)$ の y による偏微分：$\frac{\partial}{\partial y}f(x, y) = (\frac{\partial}{\partial y})(x^2 - y^2) = -2y$

今日から モノ知り シリーズ

トコトンやさしい

電磁気の本

電磁気は自動車、電力、家電などさまざまな産業で必要とされています。しかし電磁気と聞いてやさしいとイメージする人は少ないでしょう。本書は難解と思われている電磁気の全貌を、絵と平易な言葉で紹介し、読者の苦手意識をなくすことを目指します。

B&Tブックス
日刊工業新聞社

はじめに

電磁気学と聞いてやさしい科目とイメージする人はまずいないのであろう。実は著者自身もその1人であったことが、特に平易な入門書をめざした原点である。本書は難解と思われる電磁気学の全貌を特にやさしく解説し、電磁気は何となくわかった（苦手意識がなくなった）という段階まで読者をお連れすることを到達目標として、思い切って内容を絞っている。電磁気をより詳しく学びたい場合は、本書で全貌を把握した後に、詳しい教科書で必要箇所を学び直すという手順をお勧めしたい。回り道に見えるかもしれないが、最初から詳しい教科書に取り組み、全貌把握の前に挫折するよりは、堅実かつ効率的であろう。

本書の読者層としては、電磁気を楽しくかつしっかり理解したい大学生および社会人を想定している。初めて電磁気を学ぶ人、現在勉強中の人、一度は習ったがあまり理解できなかった人、のいずれの読者にも応えられる内容を目指して執筆したつもりである。もちろん本書では、高校までの教科書とは異なり、微積分、ベクトル、行列等の積極活用により、電磁気をより簡潔に記述している。数学は苦手という読者も、臆することなく読み進めていただきたい。電磁気学の分野においては、微積分をはじめとする数学手法が実に便利な記述~解析手段として活用されている。高校までは数学の学習と物理の学習が並行して進むため、せっかくの便利な数学手段が物理教育に十分に活用されていないが、大学以降の電磁気では、その縛りから解放され、存分に数学を活用することができる。一方、特に本書で用いる数学は、高校数学でも基本公式のレベルで、数学自体の試験問題になるような応用問題を解く能力は不要な範囲に留まっている（本書で用いる数学公式については巻末にまとめたので適宜参照されたい）。数学が大工仕事におけるノコギリやカンナのように物理の「便利な道具」であることを、本書を読み進めつつあらためて実感していただきたい。

本書は摩擦帯電という身近な電気現象により電気の本質を理解する導入から始まり、最終的に電磁波とは何か？光とは何か？を理解するところまでを守備範囲としている。その過程で難解な式の代名詞のようにいわれるマクスウェルの方程式については、特にわかりやすい説明に努めたつもりであるので、読了後にはその意義と役立ち方を実感していただけることを期待している。

本書の扱う範囲はいわゆる古典電磁気学といわれる分野であり「古典」の枕詞は、量子論の知見をまだ使わず、すなわち物質を基本的に連続体とみなして論理展開を進めることを意味する。それにもかかわらず、本書では特に電気とは何かという導入部分等では原子レベルの説明もあえて取り混ぜて進めている。古典電磁気の考え方からはやや逸脱し、専門家の観点からは中途半端な印象を持たれる可能性があるが、電気現象の所在の直観的理解のためにあえて原子レベルの説明も適宜加えている。本書で用いた原子レベルのモデル図や説明は、特に導電体と絶縁体との違い等を読者に感覚的に理解していただくために大胆に単純化したものであるので、量子論を前提とした現代物理学の観点からは怪しい説明といわれかねないことも承知の上での確信犯であることをお許しいただきたい。

なお、物理学共通の約束事として、電磁気学においても、方向と大きさを持つ量であるベクトル量と、大きさのみを持つ量であるスカラー量とを意識して見分け、使い分けることが重要である。本書中で物理量は物理学の慣例に従ってすべて斜体字で表記しているが、中でもベクトル量は「$\boldsymbol{E}$」のように太字の斜体、スカラー量は「E」のように細字の斜体で表記して明確に書き分けてあることに留意いただきたい。

ちなみに、本書は物理分野の教科書としては珍しく縦書き表記であるが、数式は本来縦書きになじまないため横書きを基本として縦書き本文中に混在させており、やや読みにくい面もあることをお許し願いたい。

最後に、本書の執筆において有用なアドバイスを数多くいただいた同僚や先輩諸氏、中でも全般にわたり懇切かつ的確なご指摘を頂いた若木守明博士（東海大学名誉教授）に改めて深く感謝の意を表したい。また、本書出版きっかけをいただいた同級生の原島茂博士、本書の企画〜着手段階で筆者を巧みに誘導いただいた日刊工業新聞社の土坂裕子氏、根気強く仕上げていただいた同社の木村文香氏に改めて御礼申し上げたい。最終的に本書がわかりやすく、かつ読者の知的興味にも応えられる入門書となっていることを願っている。

2016年10月

面谷　信

目次
CONTENTS

第1章 そもそも電気とは何か？

第2章 電気の世界をどう表現するか？

第3章 電気の世界における基本法則

第4章 真空でないときの電気現象は？

第5章 電流が流れると磁界ができる

第6章 磁界中の電流には力が働く

第7章
磁気現象をミクロに見る

第8章
電界と磁界の相互作用

第9章
電磁波の発見（光は電磁波だった）

第1章

そもそも電気とは何か？

1 電気現象とは？

摩擦帯電現象から電気現象の本質を知る

下敷きをこすって髪や紙片を引きつけて遊んだ経験はありませんか？　この摩擦帯電現象は電気現象の本質を考えるのに良い素材です。物質Aと物質Bがこすり合う状況を、上図のように各物質の原子核の周囲の軌道上に電子が存在するモデルで考えてみます。

原子の構成要素の質量と電荷量を表にしてみると、陽子と電子の電荷量は同じで正負が逆です。さらに原子の各構成要素の個数を代表的な元素について表にしてみると、陽子と電子は常に同数です。すなわち各原子において、電荷は陽子と電子で相殺し合計は常にゼロとなっています。結局、物質内には陽子と電子の持つ正／負電荷が大量に存在しながら、差し引き合計電荷量はゼロです。

物質同士をこすり合わせると、局所的に両物質の距離は限りなく近づき、両物質の原子同士は近接するチャンスを多く得ることになります。こうなると物質Aと物質Bの原子間で電子のやりとりが起こり得ます。

一般に、原子核が電子を軌道上に留め置く力は物質により異なりますので、電子のやりとりの結果としては、電子を軌道上に留め置く力の強い原子に電子の過剰状態、他方には電子の欠乏状態が生じます。例えば物質Bの原子の方が電子を留め置く力が強ければ、最終的に物質Bの電子数は摩擦前よりも少し増え、物質Aの電子数は摩擦前よりも少し減っているでしょう。すなわち、当初の±0の状態が崩れ物質Bは負電荷過剰の負帯電状態、物質Aは負電荷不足の正帯電状態となります。

物質内には元々大量の正負電荷が存在しながら正負相殺して合計ゼロとなっており、その電子数が何らかの理由でわずかに過剰または欠乏しているとき、その物質は電気を帯びていると言われます。これが「電気」の本質です。

要点BOX

●物質界面での電子の貸し借りが摩擦帯電現象
●物質内の正負電荷量の差し引きが帯電電荷量

摩擦帯電現象の抽象的モデル

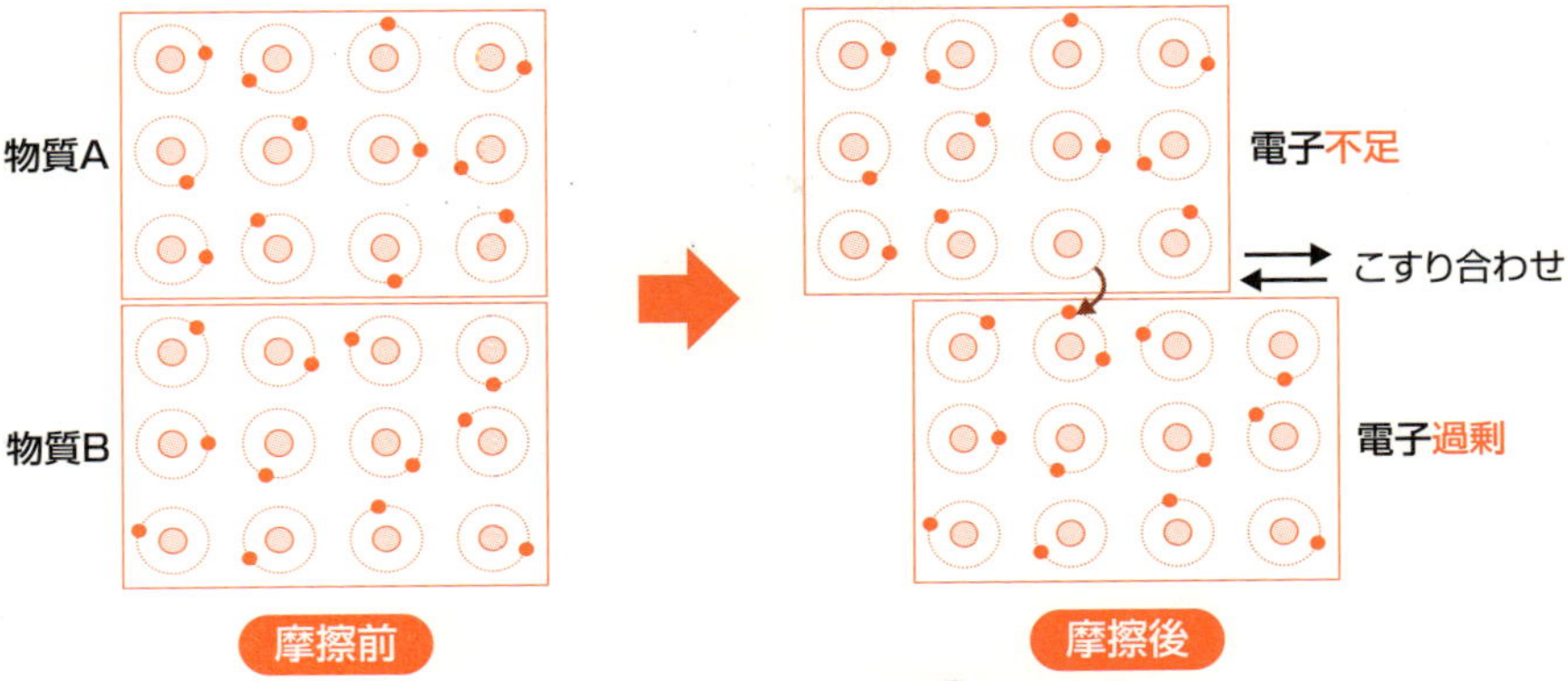

原子の各構成要素の質量と電荷量

構成要素		質量 [kg]	電荷量 [C]
原子核	陽子	1.67×10^{-27}	1.60×10^{-19}
	中性子	1.67×10^{-27}	0
電子		9.11×10^{-31}	-1.60×10^{-19}

元素中の各構成要素の個数

元素名	陽子	中性子	電子
水素	1	0	1
炭素	6	6	6
酸素	8	8	8
	↑	陽子と電子は常に同数	↑

2 導体と絶縁体の違い

自由電子の有無により性質が大きく異なる

摩擦帯電はプラスチック等の絶縁体上の現象で、金属等の導体上では観察できません。ここで絶縁体（誘電体とも呼ぶ）と導体の違いを確認しておきましょう。絶縁物質内で電子は原子核に束縛されているので、原子核から離れて物質内を自由に移動することはできません。柱に鎖でつながれた犬と同じです。これに対し、導体中では原子核に束縛されない電子もあり、この自由電子が物質内を自由に移動できます。鎖から解放された犬のようです。

これで、最初の疑問に答えられます。物体をこすり合って、例えば過剰電子を受け取ったとき、過剰電子は絶縁体では摩擦面に表面電荷として留まるのに対し、導電体ではこすられた部分に留まらないので摩擦帯電が観測できないのです。

導体を構成する原子の持つ電子すべてが自由電子ではなく、原子固有の総電子個数中の決まった個数の電子のみが自由電子となります。例えば銅原子は29個の電子を持ちますが、そのうち2個だけが自由電子です。導体における自由電子の一定方向への移動が「電流」であり、すなわち電流が存在し得る物体を導体と呼んでいます。逆に自由電子がなく電流が流せないのが絶縁体です。

さて、絶縁体や導体に帯電した物体を近づけると、静電誘導現象が起きます。静電誘導とは、近づいてきた帯電物体の極性によって、物体内の電荷が引き寄せられるか遠ざけられる現象です。例えば正帯電物体を近づけたとき、導体においては自由電子（の一部）が帯電物体側の端部まで吸い寄せられます。一方、自由電子がない絶縁体では何も起こらないでしょうか？　実は、原子の束縛の範囲内で電子の軌道が帯電物体側に寄せられ、図では絶縁体の左端に負電荷、右端に正電荷が現れます。鎖につながれた犬が餌に近づこうとする状況を想像してみて下さい。絶縁体におけるこの現象を「分極」と言います。

要点BOX
- ●自由電子を持つのが導体
- ●全電子が原子に束縛されているのが絶縁体

静電誘導現象

※本図は導電体と絶縁体の違いをあくまで概念的に示すもので、電子の挙動等を正確に表すものではありません。

絶縁体の場合

電子の軌道が帯電物体側に寄る

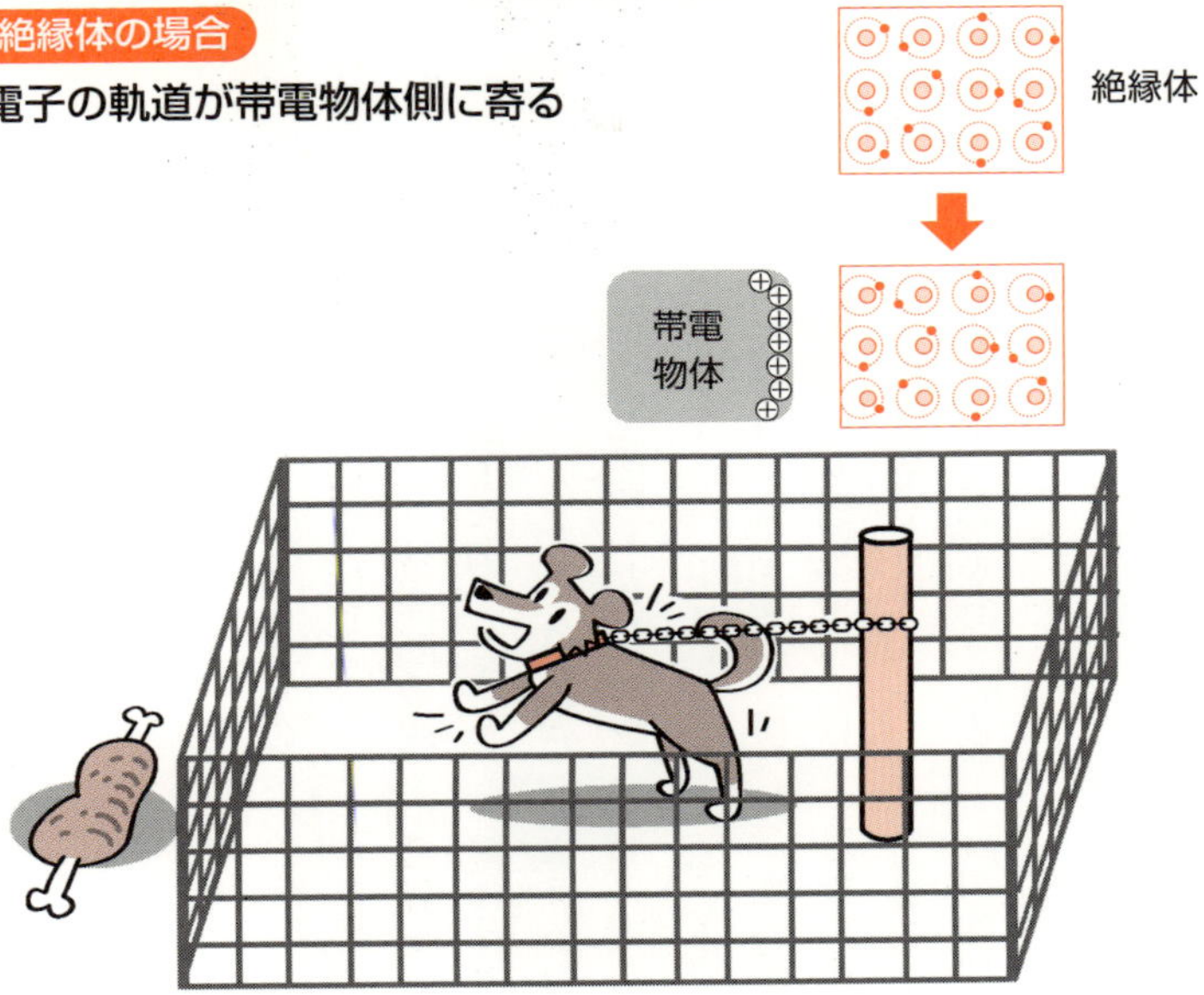

導電体の場合

自由電子が帯電物体側の端部に集まる

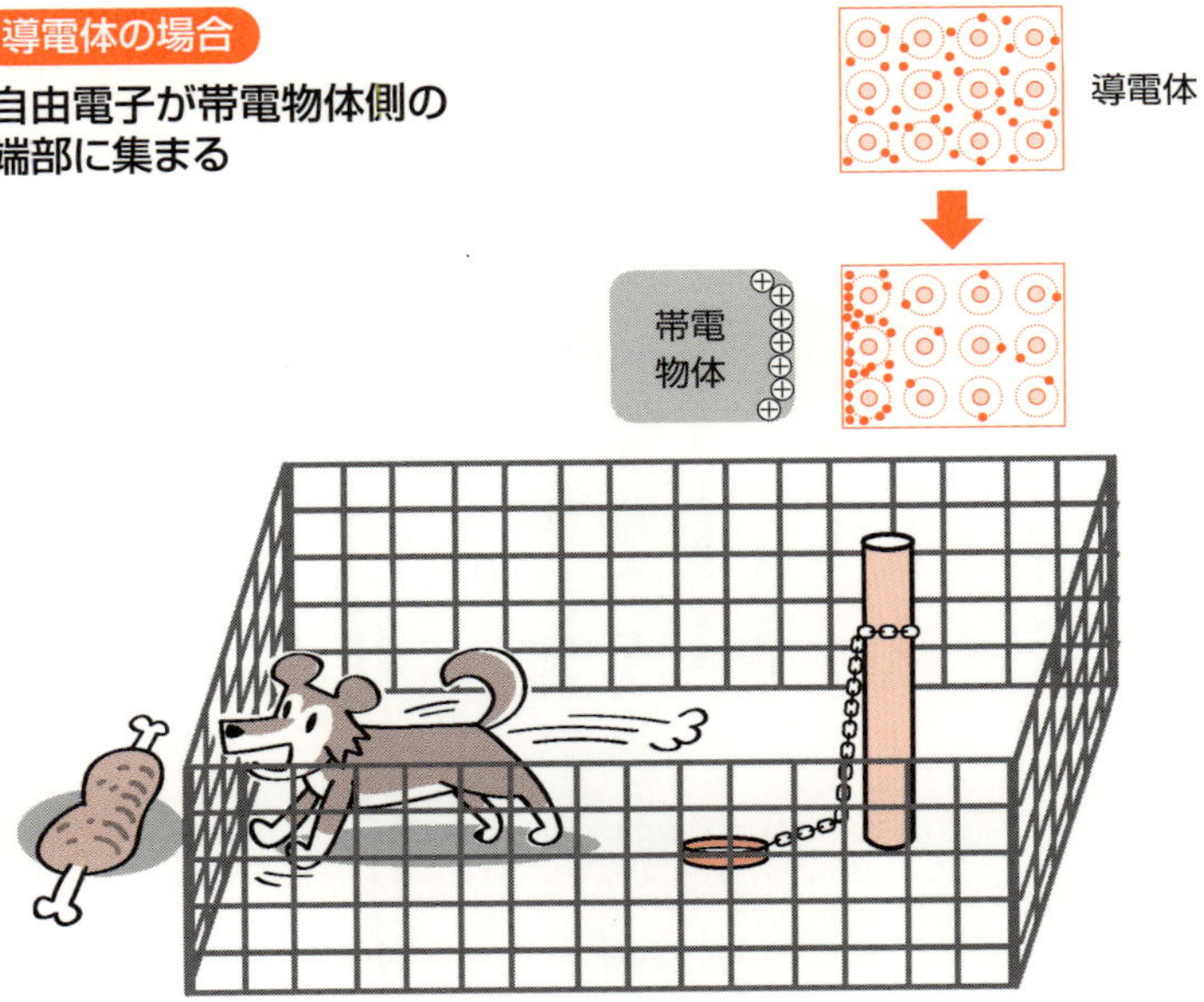

3 電荷同士に働く力は距離の2乗に反比例

クーロンの法則は万有引力の法則とそっくり

同じ極性の電荷同士には反発力が、異なる極性の電荷同士には吸引力が働きます。その力は各々の電荷量の積に比例し、距離の2乗に反比例します。電荷間の距離をr［m］としたとき、電荷同士に働く力Fが$F = K(Q_1Q_2/r^2)$［N］（ニュートン）となること（Kは比例定数）を精密な実験により証明したのが18世紀の物理学者クーロンです。

クーロン力と呼ばれる力Fは2つの電荷を結ぶ直線に沿う向きに働きます。$K=1/(4\pi\varepsilon_0)$で、ε_0は真空の誘電率と呼ばれる定数8.854×10^{-12}です。ε_0の値を代入して求めた概数$K=9\times10^9$を計算によく用います。

ところでクーロン力が電荷間の距離の1乗ではなく2乗に反比例するのはなぜでしょう？これは電荷Qの影響が距離によりどう薄まるかを考えると直観的に理解できます。電荷Qからrの距離における影響は、電荷Qを中心とする半径rの球面上のどこでも同じ大きさとなるはずです。この球の表面積は$4\pi r^2$で、その面積で電荷Qからの影響を均等に分け合っていることになります。すなわち電荷の影響は球表面積に反比例して薄まります。このように考えると、距離が離れるにつれ距離の2乗に反比例して力が弱まるクーロンの法則（つまり分母にr^2が入っていること）を感覚的にも理解しやすいと思います。

実は「距離の2乗に反比例する」ことは色々な物理現象で共通してよく見られることです。例えば万有引力の法則によれば、距離r離れた質量M_1、M_2の物体同士に働く力Fは$F=G(M_1M_2/r^2)$ですが（Gは重力定数）、この式は力が距離の2乗に反比例する点を含めクーロンの法則の式にそっくりです。

要点BOX
- 互いの電荷量に比例し距離の2乗に反比例する力が働く
- 同極性同士→反発力、異極性同士→吸引力

電荷同士の吸引力と反発力

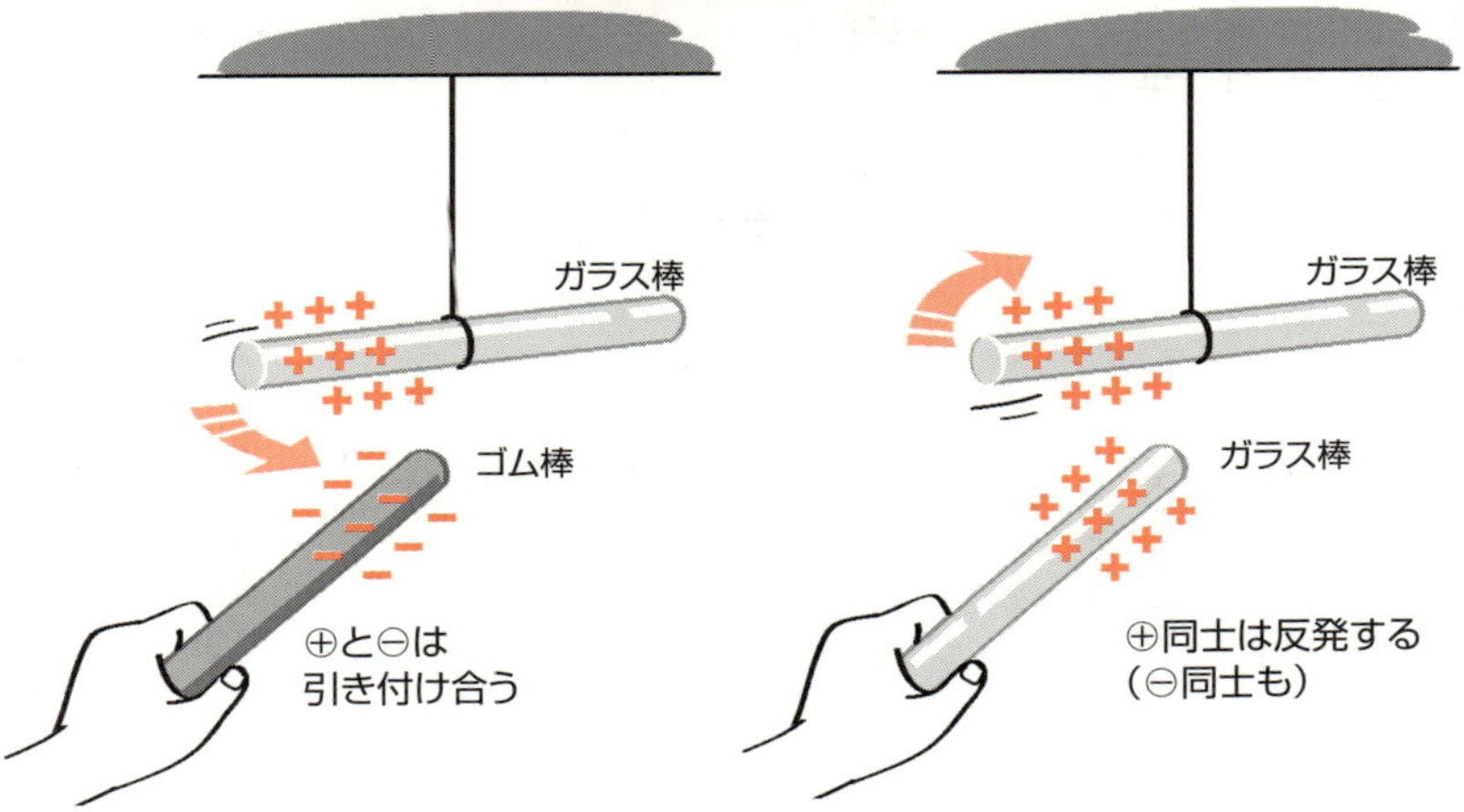

正負電荷は引き合い、同符号電荷は反発し合う

クーロンの法則

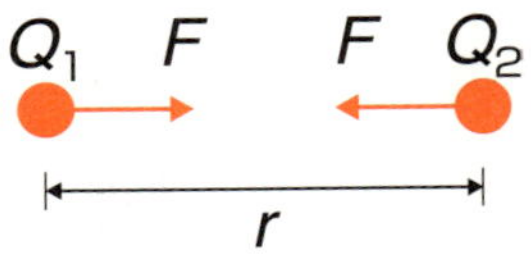

点電荷Q_1、Q_2がrの距離にあるとき

$$F=K\frac{Q_1Q_2}{r^2}$$

$$定数K=\frac{1}{4\pi\varepsilon_0}$$

ε_0は真空の誘電率で$\varepsilon_0=8.854\times10^{-12}$
よって$K=8.988\times10≒9\times10^9$

力FはQ_1、Q_2が同符号なら反発力、
異符号なら吸引力、力の向きはQ_1、Q_2を結ぶ直線上

電荷からの影響力は電荷を中心とする半径rの球の表面積($S=4\pi r^2$)に逆比例して薄まるので、クーロン力が距離の2乗に逆比例するのは自然。

質量M_1、M_2が距離rにあるときの万有引力の法則

$$F=G\frac{M_1M_2}{r^2}$$

とクーロンの法則は力が距離の2乗に反比例する点でよく似ている。

球の表面積
$S=4\pi r^2$

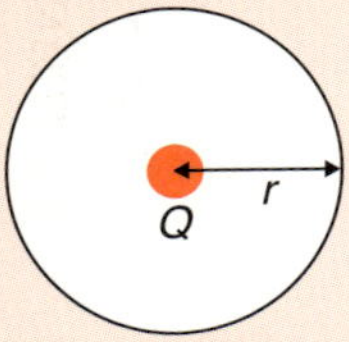

用語解説

誘電率:物質の電気的性質を表すパラメータのひとつで、単位は［C^2/m^2N］、または電気容量の単位ファラッド［F］を用いて［F/m］で表される。誘電率の真空における値を真空の誘電率と呼び、記号をε_0で表す。

4 力の単位ニュートンを実感する

単位系の確認と力学の復習

クーロンの法則$F=K(Q_1Q_2/r^2)$（$K=9\times10^9$）はMKSA単位系で記述されています。MKSA単位系とは長さをメートル［m］、質量をキログラム［kg］、時間を秒［s］、電流をアンペア［A］で計ることを約束とした国際単位系です。この単位系では力はニュートン［N］で表されます。

ところで、ニュートンという単位に親しみは感じられますか？ 力学を習うとニュートンの法則とセットでこのニュートンという単位が出てきますが、そのときもどうもピンと来なかった経験はないでしょうか？ ということで、ちょっとニュートンの単位を復習しておきます。

質量m［kg］の物体に力F［N］を加えると加速度a［m／s^2］を生じる（物体の速度が毎秒a［m／s^2］ずつ増す）ことを、ニュートンの運動方程式$F=ma$は表しています。ところで、地球上の物体は地球から重力という力を受けており、手などで保持しないと自由落下します。その自由落下中の加速度は9.8［m／s^2］と実測されています。この実測結果をもとに、例えば質量が1 kgの物体に加わる地球からの引力すなわち重力の値は$F=1$［kg］×9.8［m/s^2］=9.8［N］と計算されます。一方で質量1 kgの物体をはかりに乗せるとはかりには1［kg］と表示され、これが地球上での物体の重さです。すなわち地球上で1 kgの重さの物体は、先ほど計算した9.8［N］の力ではかりを押しているはずですので、9.8［N］の力は、我々が地球上で1［kg］の物体を持ったときに感じる重さ（重力）と同じだということになります。

つまり1［N］は地球上では（1/9.8）［kg］の物体の重さと同じ、すなわち約0.1［kg］の物体にかかる重力に相当します。ニュートンという単位の大きさの実感が少しつかめたのではないでしょうか？

要点BOX

- ●運動方程式は$F=ma$
- ●1Nは地球上で約0.1 kgの重さとして実感

単位系と力の単位ニュートン[N]

ニュートンの運動方程式$F=ma$の意味は
「質量mの物体に力Fを加えると加速度aを生じる」
(物体が毎秒a[m/s]ずつ増速)

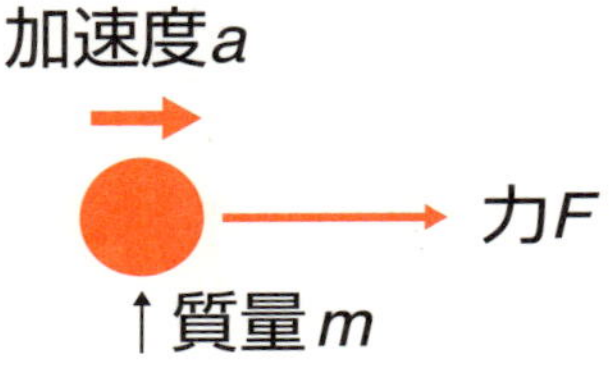

F：力(単位はN：ニュートン)
m：質量　　(単位はkg)
a：加速度(単位はm/s^2=(m/s)/s)
※加速度とは速度増加率
(1秒間に速度が何[m/s]増加するか?)

物体の重さ

地球上で質量mの物体に働く力Fは

$F=mg$　　g：重力加速度＝9.8[m/s^2]
※重力加速度とは地球上での物体の落下速度の増加率

例えば、質量m＝1[kg]の物体に働く力Fは

$$F=mg=1\,[\mathrm{kg}]\times 9.8\,[\mathrm{m/s^2}]$$
$$=9.8\,[\mathrm{N}]$$

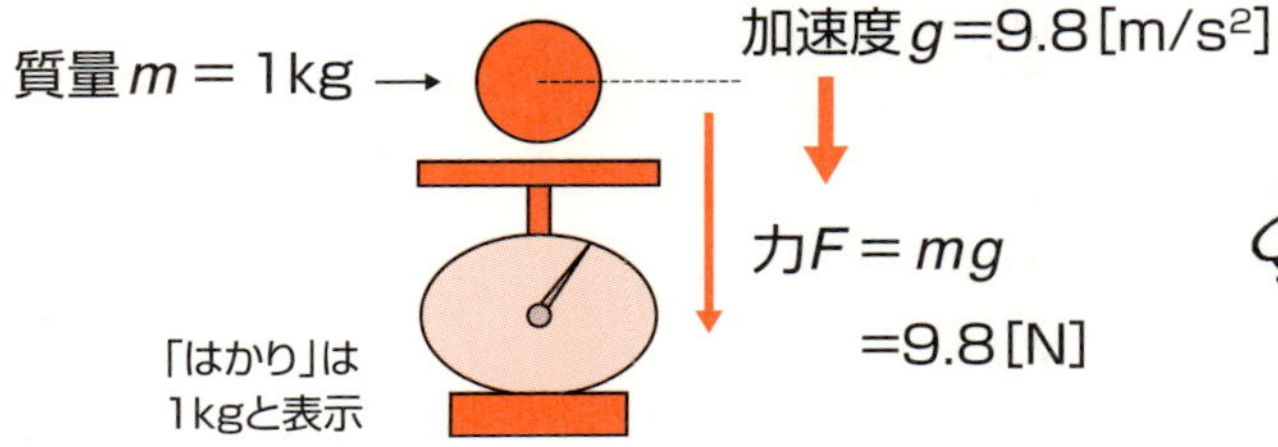

地球上で1 kgの重さの物体は9.8 Nの力で「はかり」を押す。
すなわち9.8Nの力は、実感として1 kgの重さに対応。

5 クーロン力を計算してみよう

1[C]は巨大な電荷量

4項で説明したとおり本書においてクーロンの法則はMKSA単位系で記述しています。

一方でCGS単位系というのもあり、長さをセンチメートル[cm]、質量をグラム[g]、時間をMKSAと同じく秒[s]（second）で計ることを約束とするものですが、現在あまり一般的ではありません。本書ではすべてMKSA単位系で統一して進めます。

それでは、一番シンプルな値でクーロン力の計算をやってみましょう。1[C]の正負電荷を1[m]の距離に置いたときに発生するクーロン力を計算してみると、

$$F = K(Q_1Q_2/r^2)$$
$$= 9\times10^9\{(1\times1)/1^2\}$$
$$= 9\times10^9 [N]$$

さて、9×10^9[N]の力と言われても、どうもピンと来ないので、何kg相当かを計算してみましょう。

1[N]は地球上で約0.1[kg]の重さに相当するので、9×10^9[N]は9×10^8[kg]すなわち9×10^5[t]（90万トン!）という巨大な値になります。10万トンというと、例えば大型空母1隻分位ですので空母9隻分ですね。

条件に用いた距離1[m]はそこそこ大きな距離なのに、こんな値になるのはどこかで計算間違いをしたのでしょうか? 実は1[C]というのが非現実的に巨大な電荷量なのです。仮に例題の電荷量を10億分の1の1ナノクーロン（10^{-9}[C]）としたときでも、まだ9[N]を発生し、すなわち約1[kg]の物体を支えることができます。

ところで100[V]の商用電源で用いる100ワット電球には1アンペアの電流が流れます。1[A]の電流は毎秒1[C]の電荷を運ぶので、この電球は毎秒1[C]消費しています。1[C]を電流として移動させ光や熱に変えるのは容易ですが、静電荷として取り出すのは困難なわけです。

要点BOX

●MKSA単位系は長さを[m]、質量を[kg]、時間を[s]、電流を[A]で表す

シンプルな値でクーロン力を計算してみると…

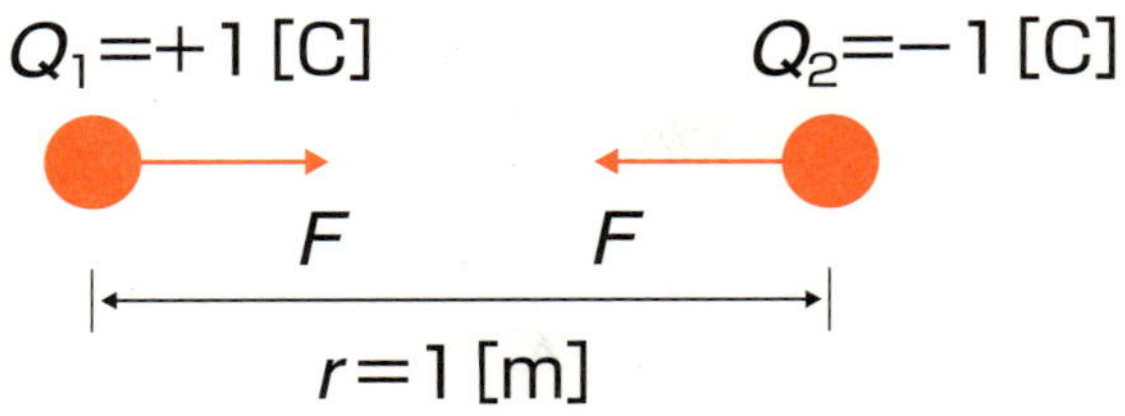

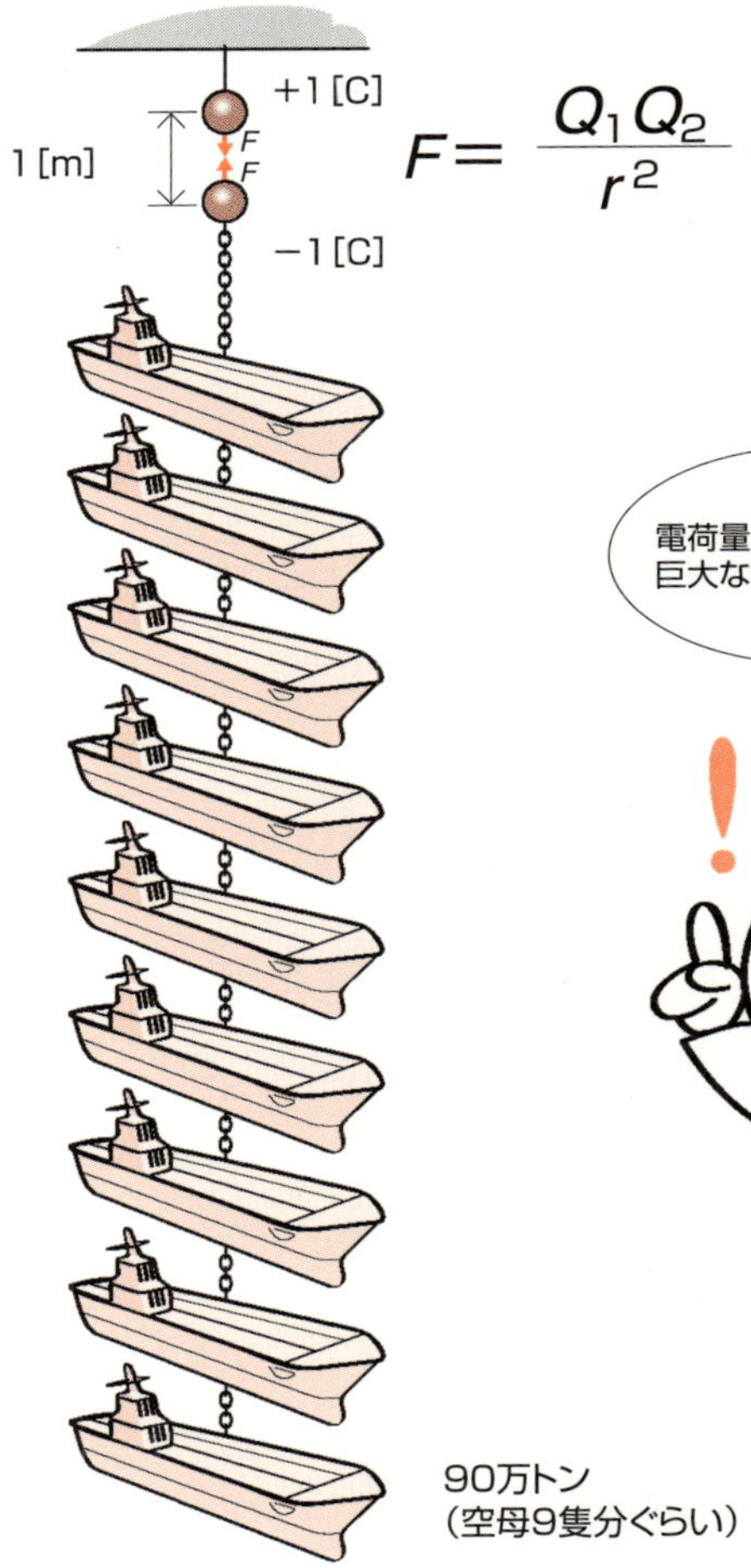

$$F=\frac{Q_1 Q_2}{r^2}=9\times10^9 \text{ [N]}$$

↑
90万トンに相当

6 物質の電荷量とは?

物質内の驚くべき電荷量

物質内にどれくらいの電荷量があるか試算してみましょう。例えば銅（Cu）の場合1㎤あたり8.5×10^{22}個の原子が詰まっています。Cu原子は原子核に29個の陽子を持ちその周囲に29個の電子を持ちます。

ところで、

陽子1個の電荷量は1.6×10^{-19} [C]

電子1個の電荷量は-1.6×10^{-19} [C]

なので、銅1㎤に含まれる陽子の電荷量Q_1は、

$$Q_1=(1.6\times10^{-19})\times(8.5\times10^{22})\times29$$
$$=3.9\times10^5=39万\ [C]$$

銅1㎤に含まれる電子の電荷量Q^2は、

$$Q_2=(-1.6\times10^{-19})\times(8.5\times10^{22})\times29$$
$$=-3.9\times10^5=-39万\ [C]$$

おっと、1 [C] は「1 [C] 同士が1 [m] の距離にあると90万 [t] のクーロン力を生じる」という巨大な電荷量なのに、サイコロサイズのたった1 [㎤] の銅に±39万 [C] とは何事でしょう!ご安心下さい。

銅1 [㎤] あたりの差し引き電荷量Qは、

$$Q=Q_1+Q_2=390000-390000=0\ [C]$$

結局プラスマイナスが打ち消し合って、見かけの電荷量は0 [C] になっているのです。

総電荷量の積算は多すぎるとするならば、導電体である銅において、電気現象に寄与が大きそうな自由電子について計算してみましょう。銅原子は1原子あたり2個の自由電子を持つので、Cu固体1㎤あたりに含まれる自由電子の電荷量Q_3は、

$$Q_3=(-1.6\times10^{-19})\times(8.5\times10^{22})\times2$$
$$=-2.7\times10^4=-2.7万\ [C]$$

となり、これも十分巨大ですね。これも陽子のプラス電荷とそのほとんどが相殺しています。

物質内で、この±バランスがごくわずかに崩れた状態（電子がちょっと過剰か電子がちょっと不足）を、「物質が電気を帯びた（すなわち帯電している）」と我々は言っているのです。

要点BOX

- ●物質内では巨大な量の±電荷がほとんど相殺している
- ●±電荷のわずかなアンバランスが帯電現象

物質内の電荷量

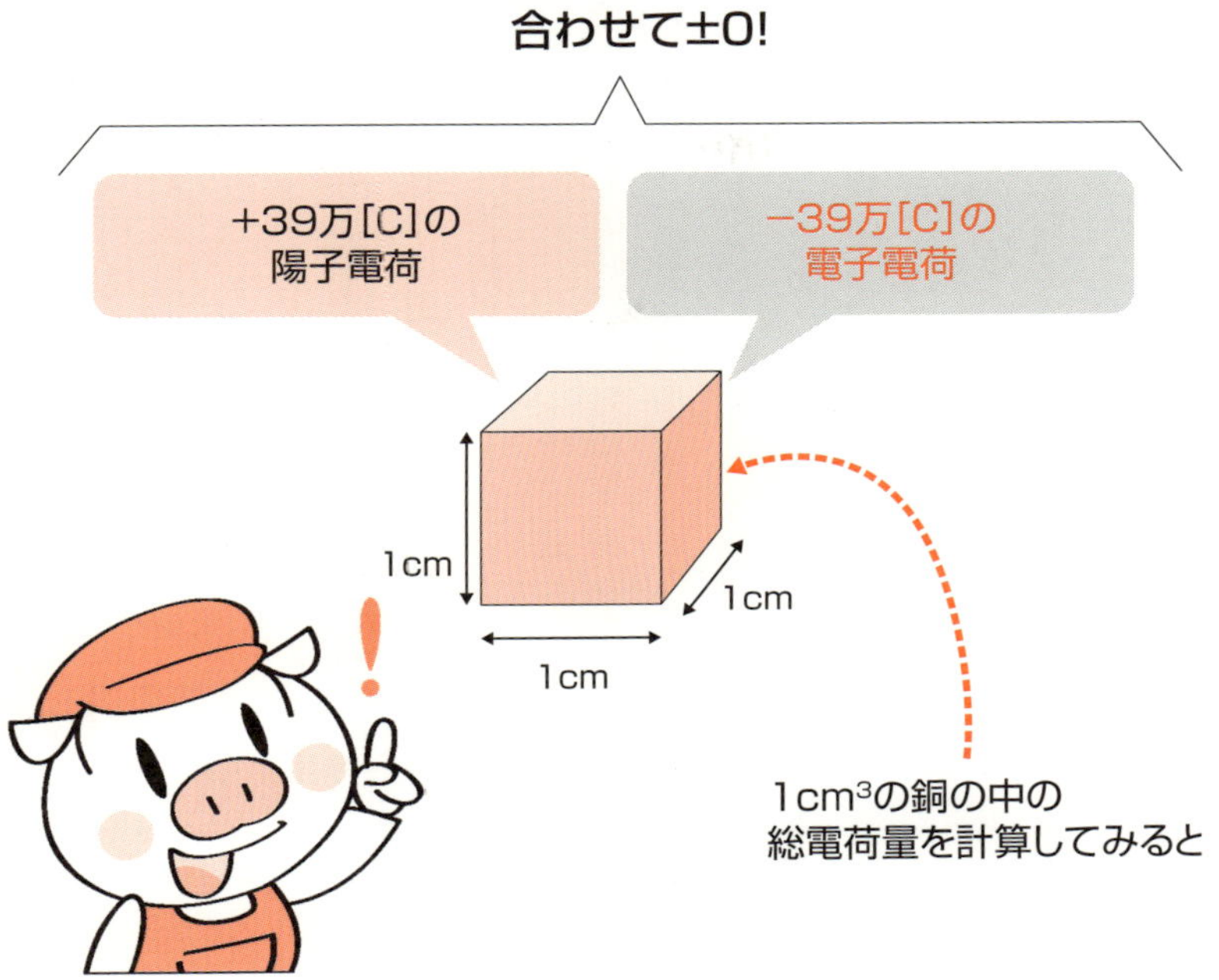

合わせて±0!
+39万[C]の
陽子電荷
−39万[C]の
電子電荷
1cm
1cm
1cm
1cm³の銅の中の
総電荷量を計算してみると

1[C]で空母9隻持ち上げられるはずだから、空母350万隻分の電荷!?

7 ベクトルとしてのクーロン力

知っておくと便利な「重ね合わせの原理」

電荷が例えば3つあるときにお互いに働く力はどうなるでしょうか? 3個の電荷Q_1、Q_2、Q_3が図のように二等辺の長さrの直角三角形の位置関係に置かれているとき、Q_3に働くクーロン力を計算してみます。

Q_3はQ_1とQ_2から同時にクーロン力を受けます。このような場合は2つの電荷同士に働く力に分けて考えます。まずQ_1とQ_3間に働く力F_1を計算します。$F_1=K(Q_1Q_3/r^2)$となり、この力はQ_1とQ_3を結ぶ直線に沿って働くので、その方向を持つベクトル$\boldsymbol{F}_1$と記述できます。同様にQ_2とQ_3間に働く力$F_2=K(Q_2Q_3/r^2)$となり、この力はQ_2とQ_3を結ぶ直線方向のベクトル$\boldsymbol{F}_2$と記述できます。実際にQ_3に働く力のベクトル$\boldsymbol{F}$はベクトル$\boldsymbol{F}_1$と$\boldsymbol{F}_2$を足し合わせた合力として$\boldsymbol{F}=\boldsymbol{F}_1+\boldsymbol{F}_2$となります($F=\sqrt{F_1^2+F_2^2}$)。ベクトル$\boldsymbol{F}$の向きは、$\boldsymbol{F}_1$の終点から$\boldsymbol{F}_2$をつないで書けば$\boldsymbol{F}_1$の始点と$\boldsymbol{F}_3$の終点をつなぐ方向になります。

例として$Q_1=Q_2=Q_3=1$[C], $r=1$[cm]のときの力を計算してみましょう。$F_1=F_2=90$[N]、合力$F=\sqrt{90^2+90^2}=127$[N]と計算されます。$F=F_1+F_2=90+90=180$[N]とはなりません。方向性を持ち矢印で図示されるベクトルとは対照的に、方向性を持たず大きさだけの量をスカラーと呼びますが、本課題ではスカラーの足し算ではうまくいきません。一般に本課題のような2次元~3次元の問題では、ベクトルとして物理量を扱うとスマートに問題を解くことができます。

多数の要素からなる問題も、本課題のように要素ごとに分解して求めた答えを足し合わせることで単純化して解くことができます。これは「重ね合わせの原理」が適応できるからで、少なくとも本書で扱う電磁気現象においては常にこの原理が適用できます。

要点BOX

- クーロン力は方向性を持つベクトル量として扱う
- 複雑な課題も「重ね合わせの原理」により各要素ごとの解の足し合わせで解ける

2個の電荷から受ける力の重ね合わせ

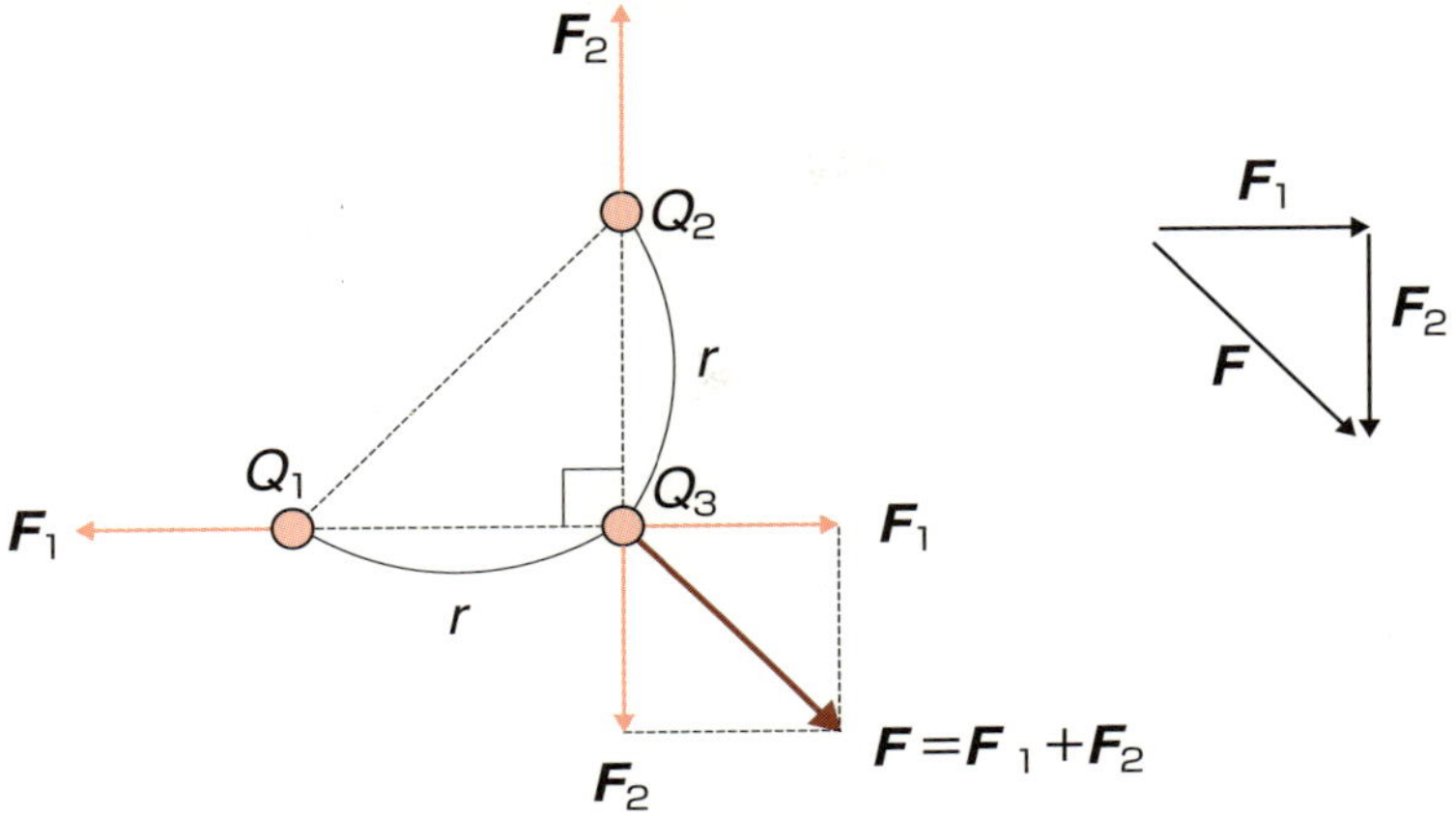

$$\boldsymbol{F}=\boldsymbol{F}_1+\boldsymbol{F}_2$$

$$F=\sqrt{F_1{}^2+F_2{}^2}$$

例題

$Q_1=Q_2=Q_3=10^{-6}$ [C]

$r=1$ [cm]のとき

Q_1とQ_3の間に働く力F_1は

$$F_1=K\left(\frac{Q_1Q_2}{r^2}\right)=(9\times10^9)\left\{\frac{(10^{-6})^2}{(10^{-2})^2}\right\}=90\,[\mathrm{N}]$$

Q_2とQ_3の間に働く力F_2は同様にして

$$F_2=K\left(\frac{Q_2Q_3}{r^2}\right)=(9\times10^9)\left\{\frac{(10^{-6})^2}{(10^{-2})^2}\right\}=90\,[\mathrm{N}]$$

よってQ_3に働く力の総計Fは

$$F=\sqrt{F_1{}^2+F_2{}^2}=\sqrt{90^2+90^2}$$

$$=90\sqrt{2}=90\times1.41=127\,[\mathrm{N}]$$

8 電荷の周囲には電界ができる

電界(電場)は重力場と同様に力を発生させる

2つの電荷間にクーロン力が働く状況は、電荷Aが作る電界中に電荷Bが置かれたとき、電荷Aによって作られる空間の電気的ひずみである電界が電荷Bに働くクーロン力を発生させると考えることもできます。これはちょうど、地球と月が万有引力により互いに引きつけ合うと考える代わりに、質量を持つ地球の周りにできる空間のひずみである重力場の中に置かれた月が、その重力場の存在によって重力を受けると考えることもできることと同じです。

ここではこのような電界について考えてみます。ある場所に点電荷Qを置いたとき、電荷Qに力Fが加わったとすると、その場の電界Eは$E=F/Q$すなわち1[C]の電荷に働く力で定義されます。この定義式から、電界の単位は[N/C(ニュートン/クーロン)]で表されることがわかります。電界Eの場に置かれた電荷Qには$F=QE$の力が働くと言うこともできます。

ここで点電荷Qの周りの電界を考えてみましょう。点電荷からrの距離における電界をEとすると、その位置に置いた電荷Q_1に働く力は$F=Q_1E$で表されます。一方、点電荷Qからrの距離に電荷Q_1があるとき、電荷Q、Q_1の間に働くクーロン力Fは

$$F=K(QQ_1)/r^2=Q_1\{KQ/r^2\}$$

$$K=1/4\pi\varepsilon_0$$

で表されます。2つの式を比較すると、

$$E=KQ/r^2=(1/4\pi\varepsilon_0)(Q/r^2)=Q/(4\pi\varepsilon_0 r^2)$$

となります。すなわち、点電荷Qの周りの電界は、点電荷からの距離をrとして

$$E=Q/(4\pi\varepsilon_0 r^2)$$

で表されます。

ちなみに、電界の単位は距離1[m]ごとに電位が何[V]変化するかという定義によって[V/m]で表すこともでき、実は[N/C]よりも[V/m]の方が一般的に用いられます。

要点BOX

- 電界Eは電荷Qに対し$F=QE$の力を発生させる
- 点電荷Qを中心とする半径rの球面上の電界は$E=Q/(4\pi\varepsilon_0 r^2)$

電界(電場)と重力場の比較対応

物体周囲の空間は物体質量に応じてひずみ「重力場」を形成する。
→重力場中に置かれた別の物体は置かれた場のひずみにより力を受ける。

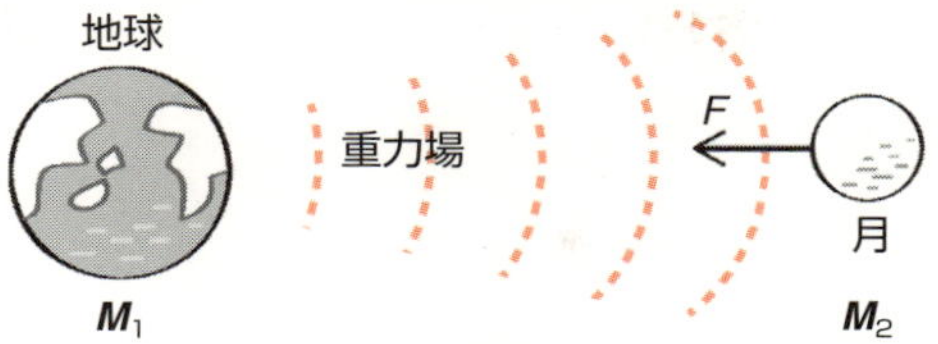

$$F=G\frac{M_1M_2}{r^2}$$

電荷の周囲の空間は電荷量に応じてひずみ「電界」(電場)を形成する。
→電界中に置かれた別の電荷は置かれた場のひずみにより力を受ける。

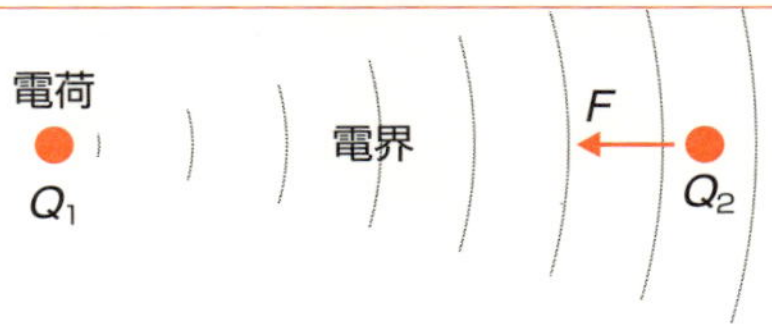

$$F=K\frac{Q_1Q_2}{r^2}$$

電荷Qは電界Eから$F=QE$の力を受ける

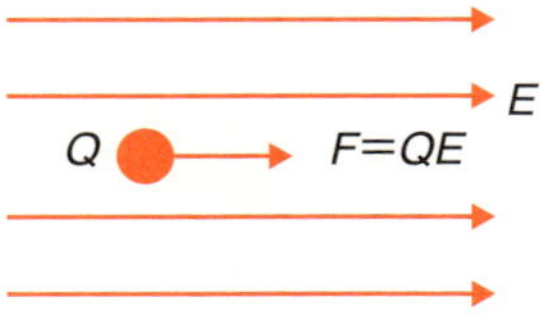

点電荷の周囲の電界

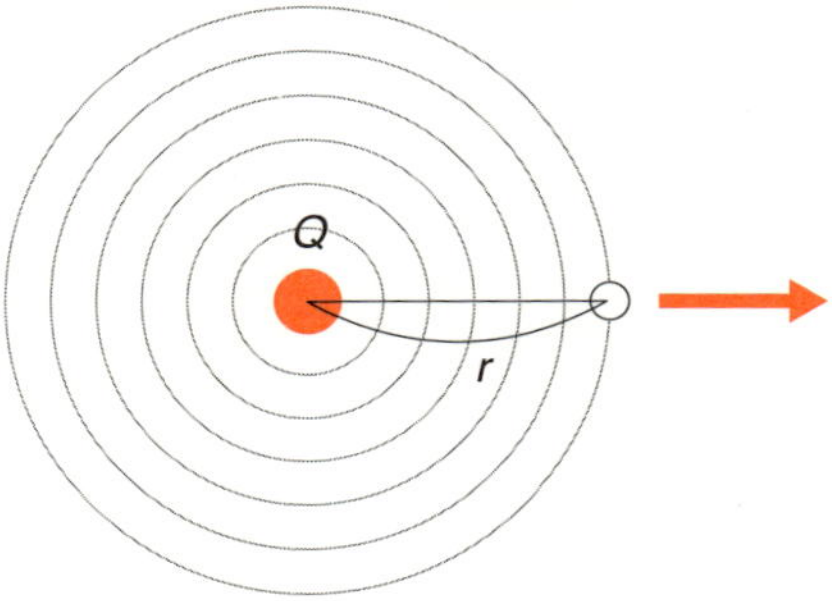

$$E=\frac{Q}{4\pi\varepsilon_0r^2}$$

用語解説

電場:電界と同じ意味で、理学分野で主に使われる。

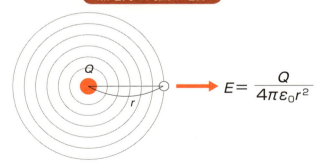

Column

クーロンの法則の発見

クーロンの法則の発見者は言うまでもなくフランスの科学者クーロン（1736～1806年）です。クーロンは精密なねじり秤を製作し、同極性に帯電した2つの球体同士の反発力を、帯電球体を竿先に吊した細線のねじれ角を測定することにより精密に測定しました。現実の帯電現象において1［C］などという巨大な電荷量は存在し得ないので、現実の電荷同士に働く力は非常に微小で、正確に測定することはかなり難しいのですが、クーロンは極めて細い金属線の微小なねじりバネ力と電荷同士の反発力が釣り合ったときのねじれ角を測定するという巧妙な実験方法により電荷間に働く力の精密な測定に成功しました。この実験により彼は「2つの電荷間に働く力は2つの電荷の電荷量の積に比例し電荷間の距離の2乗に反比例する」ことを1785年に発見しました。

クーロンの法則 $F=K(Q_1Q_2)/r^2$ はとてもシンプルで、まさか実験で求められたとは思えない印象です。実はクーロンが実験で証明する以前に、電荷間に働く力はいわゆる「逆2乗則」（距離の2乗に反比例する）に従うに違いないと、その当時すでに言われ始めていたようなのですが、クーロンの実測によりその予測が見事に実証されたわけです。

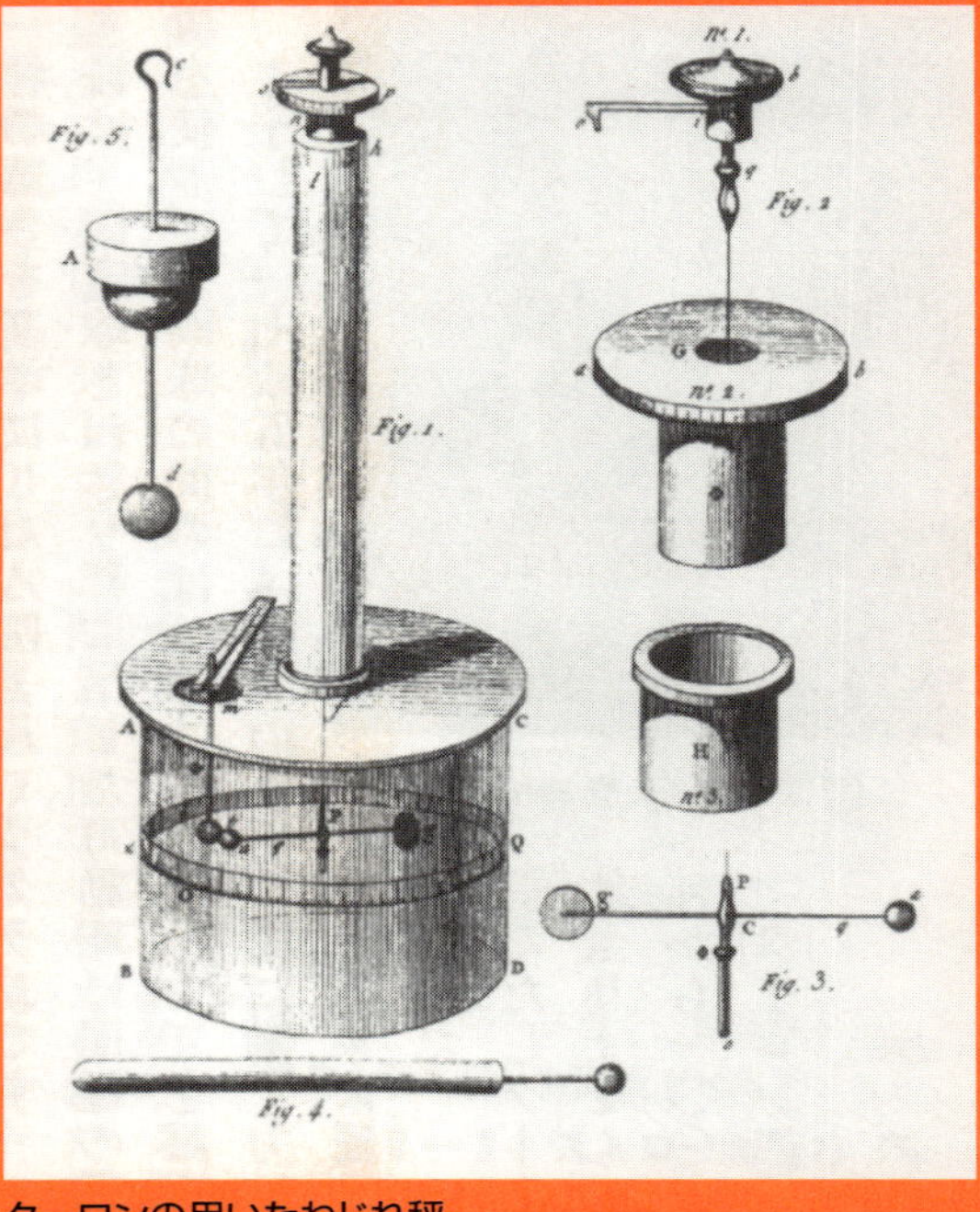

クーロンの用いたねじれ秤

第2章

電気の世界をどう表現するか？

9 電位は標高のようなもの

電界に逆らって単位電荷を動かすためのエネルギーが電位

標高100[m]と0[m]の地点をつなぐ斜面で水が流れるように、電位100[V]と電位0[V]の箇所を銅線でつなぐと電流が流れます。電位は山の標高に相当し、電位差は電流を発生させる潜在力です。ここでは、その電位の定義を考えます。

標高は見上げれば見当がつきますし、三角測量で測定できますが、視覚に頼らないで高さを知る方法はないでしょうか? 登ってみて腹の減り具合で決めれば良いのです。いい加減に聞こえますが、「腹の減り具合＝エネルギー消費量」と考えれば理にかなっています。単位質量(1[kg])の物体を重力に逆らって持ち上げるのに必要なエネルギーは持ち上げる高さに比例するので、その必要エネルギーを高さの指標とすることができます。

電気の世界では、この腹の減り具合方式、すなわち必要エネルギーで電位を定義します。2点間の電位差は、2点間で単位電荷1[C]を移動させるのに必要なエネルギー(仕事)として定義されます。

ところで、物理の世界では「消費エネルギー」＝「仕事」です。「仕事」は次のように表されます。

仕事＝「力」×「動かした距離」　すなわち

$W = FL$（Wは仕事、Fは力、Lは距離）

力の方向と動いた方向が角度θ異なっている場合は、動かす向きに働く力の成分は$F\cos\theta$なので、$W = (F\cos\theta)L = FL\cos\theta$です。電界$E$に逆らって電荷$Q$に力$F$を加えて距離$L$移動させたときの仕事$W$は、$W = FL$において$F = QE$なので$W = QEL$です。

もし、電界Eの方向と電荷Qを動かす方向が同一でなく、角度θを持つとき、電荷を動かす向きに働く力の成分は$F = QE\cos\theta$なので

$$W = FL = (QE\cos\theta)L = QEL\cos\theta$$

これが電界中で電界とθの角度をなす方向に電荷Qを距離Lだけ動かすのに必要な仕事です。$Q = 1$[C]の場合は$W = EL\cos\theta$となります。

要点BOX

- ●仕事＝エネルギー
- ●仕事＝「力」×「動かした距離」
- ●力の方向と移動方向の一致不一致に注意

仕事の定義

「仕事」=「力」×「動かした距離」

$W = FL$

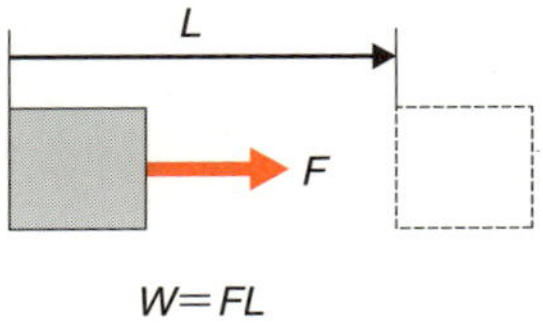

応用編

力の向きと動く向きが角度θ異なる場合の仕事

$$W = (F\cos\theta)L$$
$$= FL\cos\theta$$

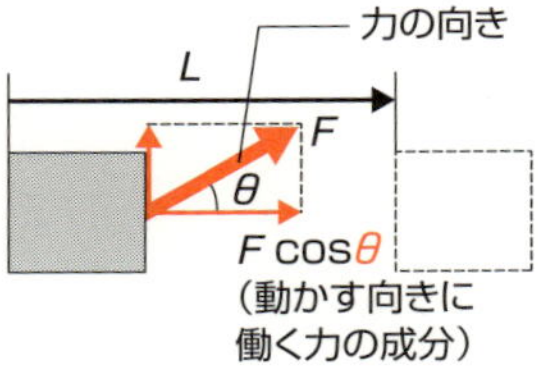

電界中での仕事

電界E中で電荷 Qに力Fを加えて
距離 L移動させたときの仕事Wは

$$W = FL$$

このとき　$F = QE$なので

$$W = QEL$$

電界Eの方向と電荷 Qの動く方向が角度θを持つとき
$F = QE\cos\theta$ なので

$$W = FL = (QE\cos\theta)L = QEL\cos\theta$$

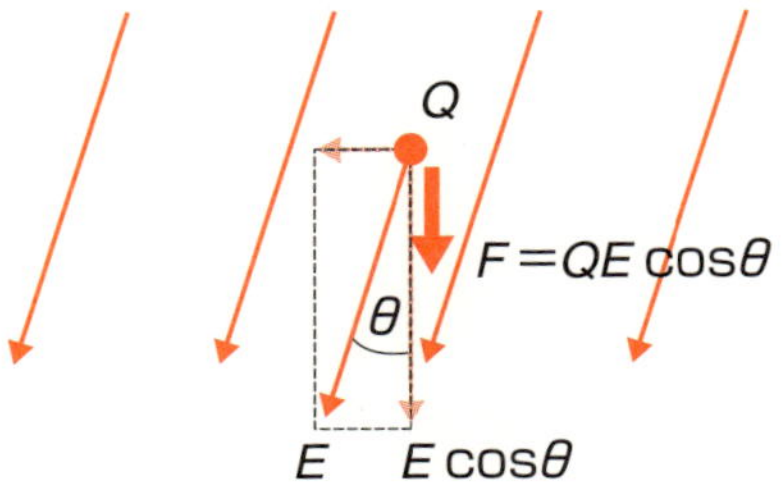

10 電位の定義式

1［C］の電荷を移動させるためのエネルギーが2点間の電位差

B点のA点に対する電位V_{BA}は単位電荷1［C］をA点からB点へ持ち上げるのに必要な仕事（エネルギー）として定義されています。

電荷QをB点とA点を結ぶ直線経路で距離L移動させるものとし、その経路上の電界がその直線経路に平行で均一な大きさEならば、必要な仕事Wは$W=QEL$となり、B点のA点に対する電位V_{BA}は$Q=1$［C］のときの仕事、$V_{BA}=EL$となります。

B点からA点までの経路の電界が均一でなくても、有効な電位の一般的定義式は次式となります。

$$V_{BA} = \int_B^A \boldsymbol{E} \cdot d\boldsymbol{L}$$

$d\boldsymbol{L}$はB～Aの曲線経路を無限に短い折れ線で近似する微小経路ベクトル、$\boldsymbol{E}$はその微小ベクトルの位置における電界の大きさと方向を表す電界ベクトルです。「・」は内積計算を表す記号で、$\boldsymbol{E}$と$d\boldsymbol{L}$のなす角がθのとき$\boldsymbol{E} \cdot d\boldsymbol{L} = EdL\cos\theta$です。

したがって、$\int_B^A \boldsymbol{E} \cdot d\boldsymbol{L}$の意味は、電界$E$中で単位電荷$Q=1$［C］を、電界方向と$\theta$の角度に微小な距離$dL$動かすときの微小な仕事$EdL\cos\theta$をB点からA点までの経路に沿って場所ごとに計算し、これを積算（AからBまで積分）しましょうということです。この場合電界は均一でなくて構いません。

$V_{BA} = \int_B^A \boldsymbol{E} \cdot d\boldsymbol{L}$という電位の定義式の導出は、説明が長くなりますので、ここではこの式の重要な性質について説明します。この式はB点からA点までのある経路に沿っての積分を表しますが、その値は経路によらないのです。B点とA点を結ぶ直線経路でも、大回り曲線経路でも積分結果は不変です。これは坂道のA点からB点まで荷物を持ち上げるとき、直線経路でも回り道経路でも必要仕事量は同じであることと同様です。

電位$V_{BA} = \int_B^A \boldsymbol{E} \cdot d\boldsymbol{L}$がA～B間の経路によらない性質を「静電界の保存則」と呼びます。

要点BOX

- B点のA点に対する電位は$V_{BA} = \int_B^A \boldsymbol{E} \cdot d\boldsymbol{L}$
- V_{BA}の値はAB間の経路によらず一定

電荷を動かすためのエネルギー

一定電界Eに平行にA点からB点まで電荷 q を持ち上げるのに必要な仕事（エネルギー）Wは

$$W = QEL$$

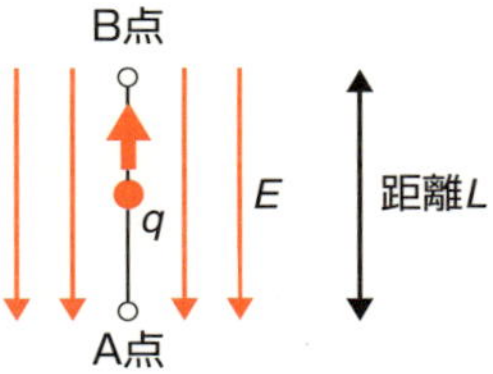

電位の定義式

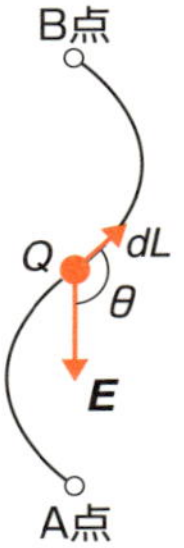

B点のA点に対する電位は

$$V_{BA} = \int_{B}^{A} \boldsymbol{E} \cdot d\boldsymbol{L}$$

$\boldsymbol{E}$と$d\boldsymbol{L}$ のなす角をθとして
$\boldsymbol{E} \cdot d\boldsymbol{L} = EdL\cos\theta$

B点→A点の経路上の微小経路ベクトル$d\boldsymbol{L}$とその場所における電界ベクトル$\boldsymbol{E}$との内積を路線A～Bに沿って積分

静電界の保存則

$V_{BA} = \int_{B}^{A} \boldsymbol{E} \cdot d\boldsymbol{L}$ の値は
A～B間の経路によらず一定

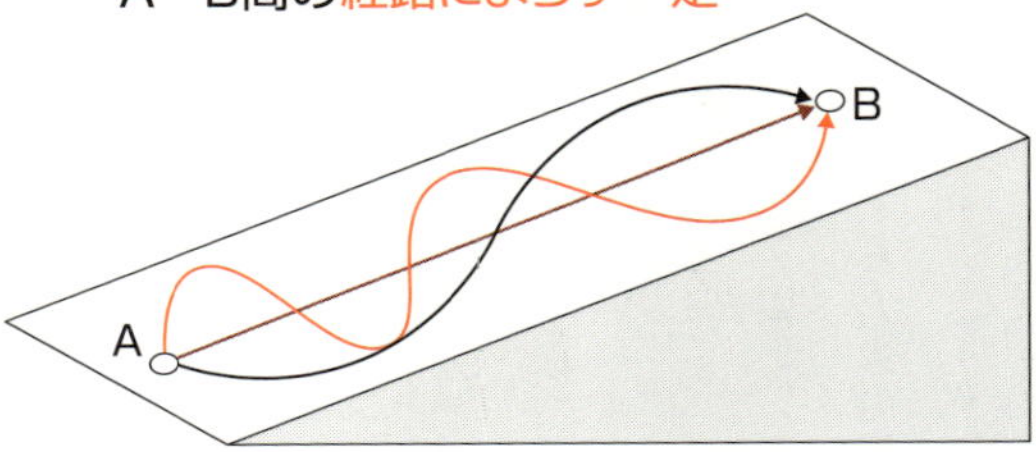

11 点電荷の周囲の電位

無限遠方をゼロ電位として計算

電位の定義式がわかったところで、例として点電荷の周囲の電位が距離によってどう変わるかを計算してみましょう。点電荷の周囲の電位は点電荷を中心とした球対称に違いなく、点電荷から遠くなるほど電位は低下するだろうと想像できます。そこで、点電荷の位置を原点とし、点電荷から任意の方向に r 軸を設定し、この軸上でB点のA点に対する電位 $V_{BA}=\int_B^A \boldsymbol{E}\cdot d\boldsymbol{L}$ という電位の定義式を使って点電荷から距離 r の位置の電位を求めます。

この際、点電荷の位置（r=0）をA点、そこから距離 r の位置をB点として計算を始めたくなりますが、実はそれはうまくいきません（理由は後ほど）。少し回りくどいA、B点の設定をします。すなわち、点電荷から r_1 の位置にB点、r_2 の位置にA点を置いて電位 V_{BA} を求めます。すると、

$$V_{BA}=\int_B^A \boldsymbol{E}\cdot d\boldsymbol{r}=\int_{r_1}^{r_2} E\,dr$$
$$=\int_{r_1}^{r_2} Q/(4\pi\varepsilon_0 r^2)\,dr$$
$$=\{Q/(4\pi\varepsilon_0)\}\int_{r_1}^{r_2}(1/r^2)\,dr$$
$$=\{Q/(4\pi\varepsilon_0)\}\{(1/r_1)-(1/r_2)\}$$

これが r 軸上のB点のA点に対する電位です。A点を無限遠（$r_2\to\infty$）にとると（$1/r_2$）→0となり

$$V_{BA}=\{Q/(4\pi\varepsilon_0)\}(1/r_1)=Q/(4\pi\varepsilon_0 r_1)$$

改めて $r_1=r$, $V_{BA}=V$ と書き直すと、

$$V=Q/(4\pi\varepsilon_0 r)$$

これが無限遠を基準（ゼロ電位）としたときの点電荷から r の位置の電位です。

この式は x－y 座標で言えば $y=1/x$ の形をしています。すなわち点電荷の電位は縦軸を電位 V、横軸を距離 r とした座標系で $Q/(4\pi\varepsilon_0)$ を定数項とする双曲線になり、r がゼロに近づくと電位 V が無限大になります。点電荷の位置（r=0）をA点に選ばなかったのには、そのような訳があったのです。

要点BOX

- ●電位は無限遠点を基準点0［V］として表す
- ●点電荷 Q から距離 r の点の電位は $Q/(4\pi\varepsilon_0 r)$

点電荷Qから距離rの位置における電位の計算

電位の定義式からスタート

電位の定義式$V_{BA} = \int_B^A E \cdot dL$は$r$軸上では

$\boldsymbol{V}_{BA} = \int_B^A \boldsymbol{E} \cdot \boldsymbol{dr}$

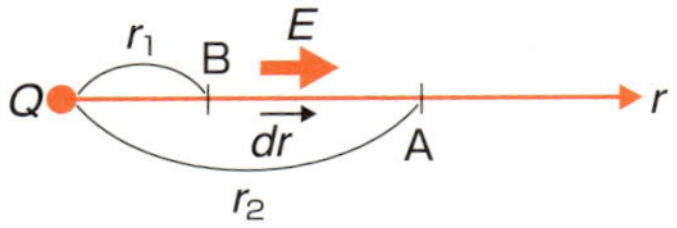

点電荷の作る電界$\boldsymbol{E}$は放射状

↓

r軸上において電界ベクトル$\boldsymbol{E}$の向きは常にr軸に平行

↓

ベクトル$\boldsymbol{E}$とベクトル$\boldsymbol{dr}$のなす角$\theta = 0$なので$\cos\theta = 1$

↓

$\boldsymbol{E} \cdot \boldsymbol{dr} = E\,dr\,\cos\theta = E\,dr$

↓

$V_{BA} = \int_B^A E\,dr$

V_{BA}を求める

点電荷の周囲の電界Eは $E = \dfrac{Q}{4\pi\varepsilon_0 r^2}$ なので

$$
\begin{aligned}
V_{BA} &= \int_B^A E\,dr \\
&= \int_{r_1}^{r_2} E\,dr \\
&= \int_{r_1}^{r_2} \frac{Q}{4\pi\varepsilon_0 r^2}\,dr \\
&= \left(\frac{Q}{4\pi\varepsilon_0}\right) \int_{r_1}^{r_2} \left(\frac{1}{r^2}\right) dr \\
&= \left(\frac{Q}{4\pi\varepsilon_0}\right) \left(\frac{1}{r_1} - \frac{1}{r_2}\right)
\end{aligned}
$$

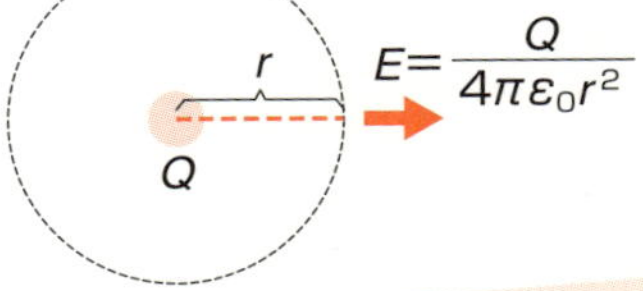

$$
\begin{aligned}
&\int_{r_1}^{r_2} \left(\frac{1}{r^2}\right) dr \\
&= \int_{r_1}^{r_2} (r^{-2})\,dr \\
&= [-r^{-1}]_{r_1}^{r_2} \\
&= \left[\frac{1}{r}\right]_{r_1}^{r_2} \\
&= \frac{1}{r_1} - \frac{1}{r_2}
\end{aligned}
$$

無限遠点を基準(0 V)としたときの電位

A点を無限遠方($r_2 \to \infty$)とすると

$\dfrac{1}{r_2} \to 0$となるので

$$
\begin{aligned}
V_{BA} &= \left(\frac{Q}{4\pi\varepsilon_0}\right)\left(\frac{1}{r_1}\right) \\
&= \frac{Q}{4\pi\varepsilon_0 r_1}
\end{aligned}
$$

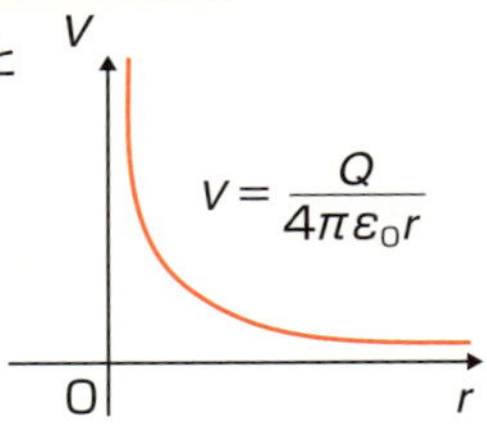

$r_1 = r$, $V_{BA} = V$と書き直して

$$V = \frac{Q}{4\pi\varepsilon_0 r}$$

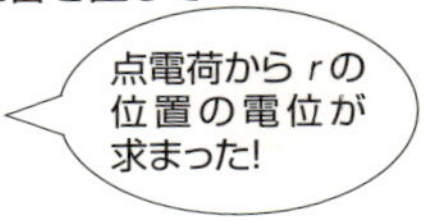

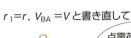

12 等電位面と電気力線

等電位面は電気の世界の等高線

地形の標高を地図に表すのには等高線を使うと便利です。電位は標高のようなものですので、等高線で表せば便利そうです。電位一定の面を等電位面と呼びます。等電位面を描くと、見えない電気の世界が地図のように視覚的に表現できます。

一方、電気力線を使うと電界も視覚化できます。電気力線は電界の方向に電界の強さに応じた本数を書きます。すなわち電気力線の方向は電界方向で、「電気力線の密度」＝「電界強度」です。結果的に電気力線は等電位面と常に直交し、電位の斜面の最大傾斜線方向を示しています。

電気力線の本数としては Q［C］の電荷から (Q/ε_0) 本の力線が出て行く定義になっています。電気力線は＋の電荷から出発する向きに矢印を付けて書く決まりですので、$-Q$［C］の電荷には (Q/ε_0) 本の力線が吸い込まれる向きに矢印を書くことになります。電荷のないところでは電気力線は発生も消滅もしませんので、例えば Q［C］の正負電荷がペアで存在するときは正電荷から出た (Q/ε_0) 本の力線がすべて負電荷に吸い込まれて終端します。

Q［C］の点電荷から半径 r の球面上での電気力線密度を計算します。面積 S の面を垂直に N 本の電気力線が貫いているとき、電気力線密度は N/S［本/m^2］です。半径 r の球面の面積 $S=4\pi r^2$ で、Q［C］の点電荷から出発する電気力線は定義から $N=(Q/\varepsilon_0)$ 本です。この電気力線は点電荷から放射状に出発し半径 r の球表面を貫くので、球面上でも本数は不変で $N=(Q/\varepsilon_0)$ 本です。したがって半径 r の球表面上での電気力線密度は次のとおりです。

$N/S=(Q/\varepsilon_0)/(4\pi r^2)=Q/(4\pi\varepsilon_0 r^2)$［本/m^2］

一方で、Q［C］の点電荷から半径 r の球面上での電界は9項で求めたとおり $E=Q/(4\pi\varepsilon_0 r^2)$ です。つまり点電荷の回りの球面上で「電気力線密度＝電界」が成立しています。

要点BOX

- ●電位一定の面を等電位面と呼ぶ
- ●電荷 Q［C］から電気力線 (Q/ε_0) 本が発生
- ●電気力線密度＝電界、電気力線⊥等電位面

正負電荷ペア間の電気力線（赤線）と等電位面（黒線）

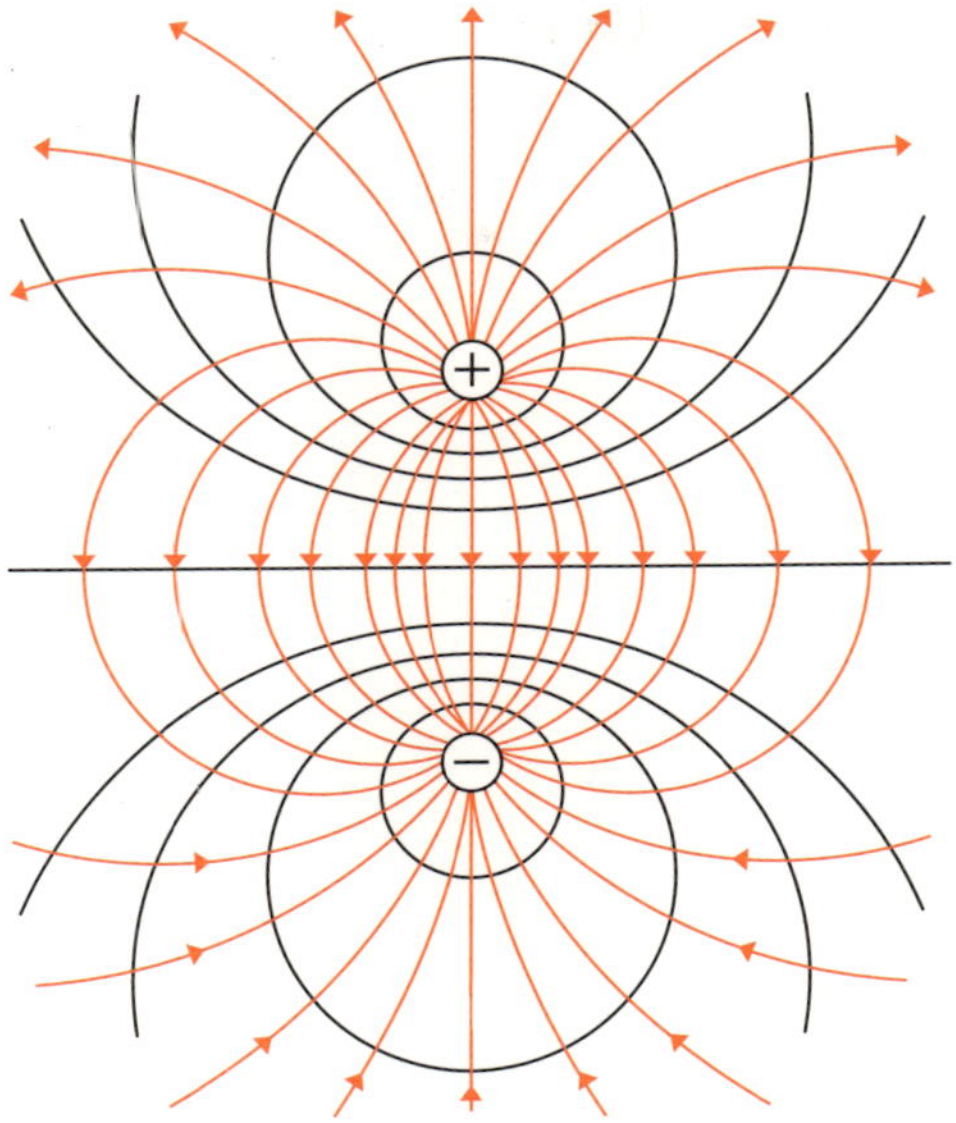

電気力線密度

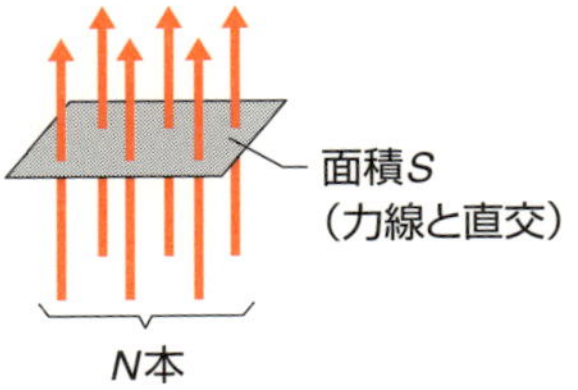

電気力線密度$= \dfrac{N}{S}$ [本/m^2]

球面上での電気力線密度

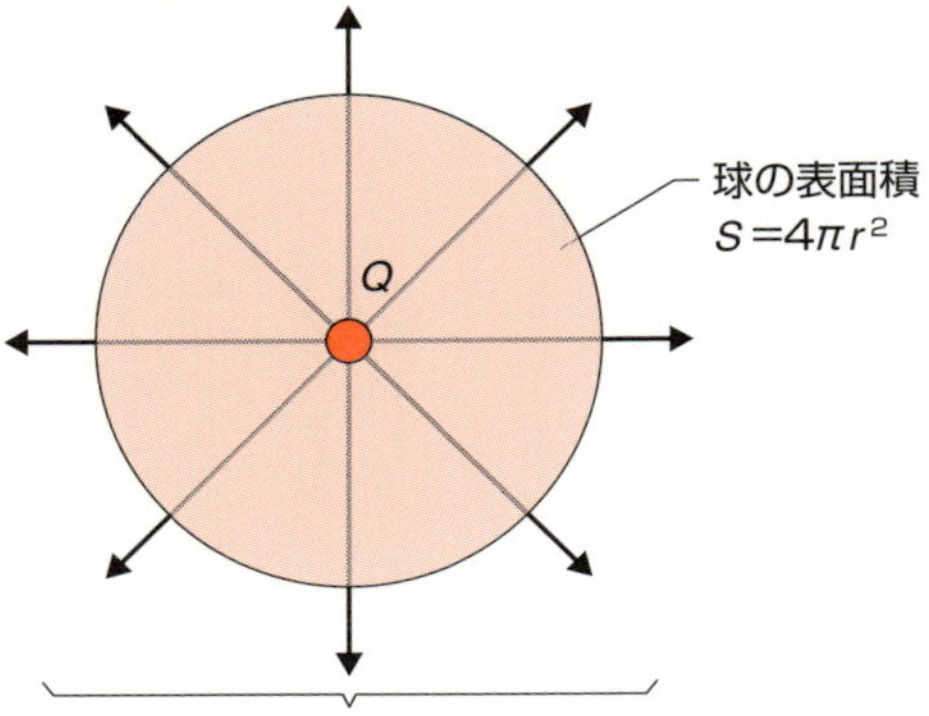

$N = \dfrac{Q}{\varepsilon_0}$本

半径rの球面上での電気力線密度

$$= \frac{N}{S} = \frac{\left(\dfrac{Q}{\varepsilon_0}\right)}{4\pi r^2} = \frac{Q}{4\pi \varepsilon_0 r^2} \text{ [本/m}^2\text{]}$$

13 等電位面を描く

点電荷の等電位面は球面

　等電位面の形と位置を計算で求めてみましょう。例題として$Q=10^{-9}$[C]の点電荷の周囲の等電位面を求めてみます。

　点電荷Qの周囲の電位Vは点電荷を中心とする半径rの球面上で$V=Q/(4\pi\varepsilon_0 r)$で表されるので、この式を半径$r$について書くと$r=Q/(4\pi\varepsilon_0 V)$となり、この式が電位$V$に対する等電位面を表しています。この式は点電荷の位置を中心とする半径rの球面が電位Vの等電位面となることを示しています。ここで、具体的な数値$Q=10^{-9}$[C]、$1/(4\pi\varepsilon_0)=9\times10^9$を入れて計算すると

$r=10^{-9}\times(9\times10^9)\times(1/V)=9/V$[m]

　例えば$V=20$[V]のとき$r=9/20=0.45$[m]と求まり、点電荷を中心とし半径$r=0.45$[m]の球面が$V=20$[V]の等電位面だとわかります。同様に等電位面を描きたい電位Vの値を与えることによって各々の半径を求めていき、等高線群のように等電位面を描くことができます。ただし、ここでの等電位面はあくまで球面ですから、紙面上はその球面の断面としての円を描いているのです。

　次に$Q=10^{-9}$[C]の点電荷の周りの電気力線を描いてみましょう。$\varepsilon_0=8.854\times10^{-12}$より電気力線本数$N$は

$N=(Q/\varepsilon_0)=10^{-9}/(8.854\times10^{-12})$

$=1.13\times10^2=113$[本]

と計算されます。113本の矢印を点電荷からウニのトゲのように3次元の放射状に書けば正確ですが、いずれにせよ紙の平面に立体図示は困難なので、このような場合は簡易的に例えば10本につき1本だけを平面表示するのが現実的です。

　ここでは11本を10^{-9}[C]の電荷の周りの等電位面と合わせて図示しました。電気力線と等電位面はもちろん直交しています。

要点BOX

●点電荷Qの電位$V=Q/(4\pi\varepsilon_0 r)$より点電荷の等電位面は一定半径の球面

$Q=10^{-9}$[C]の点電荷の周囲の等電位面

$r=\dfrac{9}{V}$ に等電位面を求めたい電位の値 V を代入すると

V=40[V]のとき $r=\dfrac{9}{40}=0.23$[m]

V=60[V]のとき $r=\dfrac{9}{60}=0.15$[m]

V=80[V]のとき $r=\dfrac{9}{80}=0.11$[m]

V=100[V]のとき $r=\dfrac{9}{100}=0.09$[m]

V [V]	r [m]
20	0.45
40	0.23
60	0.15
80	0.11
100	0.09

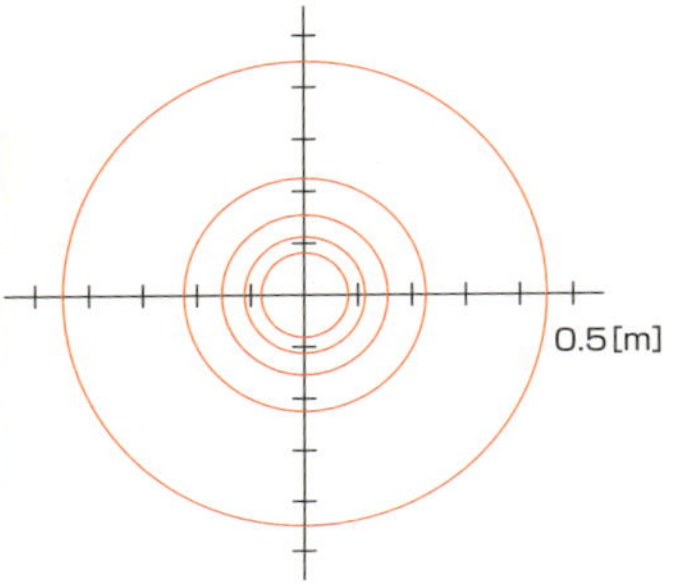

これらを紙面上に図示すると同心円状の等電位面となる。

$Q=10^{-9}$[C]の点電荷の周りの電気力線

$\varepsilon_0=8.854\times10^{-12}$より

$$N=\frac{Q}{\varepsilon_0}$$

$$=\frac{10^{-9}}{8.854\times10^{-12}}$$

$$=1.13\times10^{2}$$

$$=113[本]$$

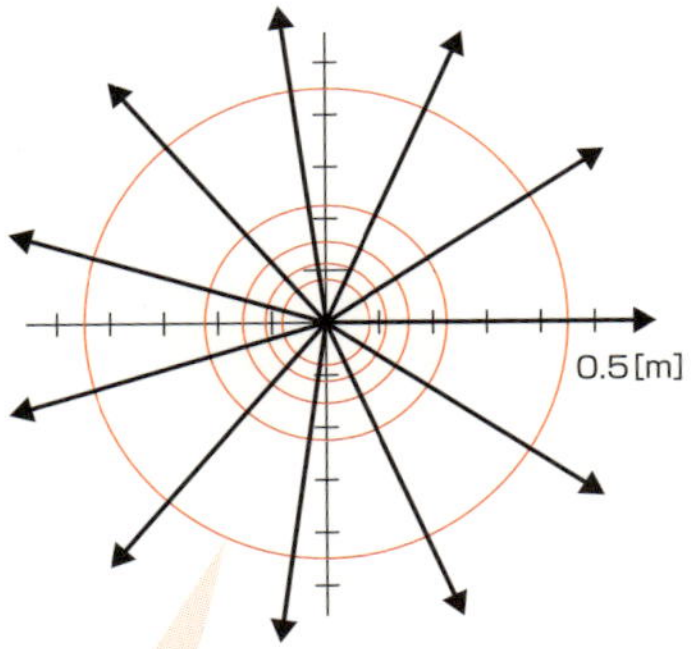
等電位面も
一緒に表示

10本につき1本だけを図示すると

描くべき力線本数は $\dfrac{113}{10}=11.3\fallingdotseq11$[本]

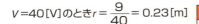

本当に113本
も書いたら真っ
黒になっちゃう!

14 電荷の周囲の電界を求める便利な方法

ガウスの法則

ガウスの法則は、19世紀半ばにドイツの数学者、物理学者のガウスが発表し、発見者の名前で呼ばれている「電荷Qと電界Eとの関係式」です。

ガウスの法則は次のような関係式で表されます。

「電荷を包む任意の閉曲面を貫く電気力線本数」
＝「電荷から出発した力線本数」

この式は「電荷からは所定本数の電気力線が出発し、この電荷を袋で包むと電気力線は袋の表面を貫くが、その本数は元々電荷から出発した本数と同じ」だと言っています。これは単に「電荷から出発した電気力線の本数は不変」と言っているだけで、12項で説明した電気力線の性質である「電荷のないところでは電気力線は発生も消滅もしない」と同じ内容です。

電荷の大きさがQであれば「電荷から出発した力線本数」は（電気力線の定義として12項で説明したとおり）Q/ε_0となりますので、これを使ってガウスの法則を表すと、

「電荷Qを包む任意の閉曲面を貫く電気力線本数」
＝Q/ε_0

となります（閉曲面内に電荷Qが収まってさえすれば良く、例えば閉曲面内にぎっしり電荷が分布していても良い）。左辺も数式で表すことができますが、言葉で表現した方が種々の問題を解く際に考えやすいので、数式で表すのは後回しにしておきます。ガウスの法則はこんな当たり前のことを改めて言っているだけなのですが、電荷が周囲に作る電界を知るのに非常に便利です。

ちなみに、面を貫く電気力線の本数はその面における電界を使って表せます。「電気力線密度」＝「電界」であり、面積Sの面を垂直にN本の電気力線が貫いているとき「電気力線密度」＝(N／S)ですので、E＝(N/S)すなわちN＝ESです。この関係から閉曲面を貫く電気力線本数が計算できます。

要点BOX

●「電荷を包む任意の閉曲面を突き抜ける電気力線本数」＝「電荷から出発した力線本数」

ガウスの法則を言葉で表現すると

「電荷を包む閉曲面を突き抜ける電気力線本数」=「電荷から出発した力線本数」

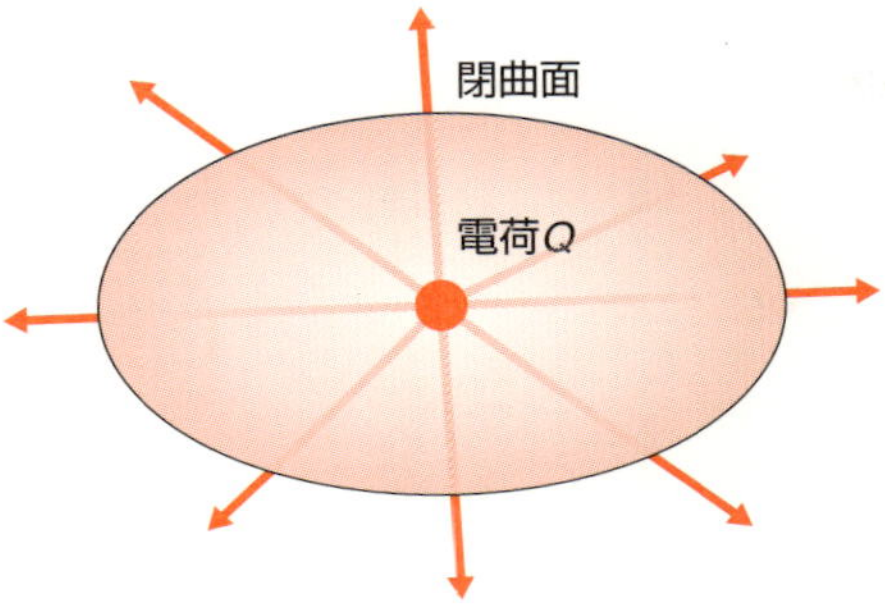

電気力線本数と電界の関係

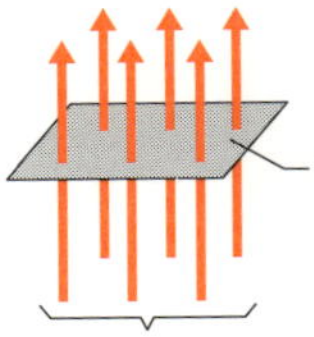

電気力線密度$=\dfrac{N}{S}$

電気力線密度=電界E

なので

$$E=\frac{N}{S}$$

$\therefore N=ES$(電気力線本数=電界×面積)

15 ガウスの法則で電界を求める

「ガウス面を貫く電気力線」と「ガウス面が包む電荷」を計算

ガウスの法則の例題として、無限に広い平面電荷（面電荷密度σ）が作る電界を求めてみましょう。平面電荷とは、セーターでゴシゴシ摩擦帯電させた下敷きを想像すると良いでしょう。この下敷きがどんな電界を作るかという課題です。実は下敷き端部の電界は複雑になるので、端部の影響を無視するため「無限に広い」と仮定したのです。

無限平面上の均一電荷による電界は対称性から、平面に垂直、平面の両側で反対向き、平面全域で均一強度となるので、この均一電界をEとします。

ガウスの法則「電荷Qを包む任意の閉曲面を突き抜ける電気力線本数」＝（Q/ε_0）の閉曲面（ガウス面）として、面電荷に平行な両端面を持つ円筒（断面積A）を設定します。このとき電界Eは円筒両端面に垂直、円筒側面（曲面）に平行となります。

まず、この円筒閉曲面を突き抜ける電気力線本数を考えます。14項で説明した「電気力線本数」＝「電界」×「面積」（$N=ES$）の関係により円筒の両端面において電気力線本数$N=EA$となります。電界は円筒側面（曲面）に平行なので、円筒側面を貫く電気力線はありません。したがって、ガウスの法則の左辺「電荷Qを包む任意の閉曲面を突き抜ける電気力線本数」は、円筒の両端面を貫く各々EA本と円筒面（曲面）を貫く0本の合計として、（$EA\times2$）$+0=2EA$本　です。

一方、ガウス面内の電荷Qは円筒が切り取る面電荷として$Q=A\sigma$なので、ガウスの法則の右辺は、$Q/\varepsilon_0=(A\sigma)/\varepsilon_0$ となります。

ガウスの法則の式の両辺にこれらを代入すると

$2EA=(A\sigma)/\varepsilon_0$　∴　$E=\sigma/(2\varepsilon_0)$

と電界Eが求まります。これが平面電荷が作る均一電界の大きさです。この式に面電荷からの距離の因子が含まれていないことから、この面電荷が作る電界は面からの距離によらず一定とわかります。

要点BOX

- ガウス面は、貫く電気力線本数が簡単に暗算できるような形状に設定する
- 円筒状のガウス面がよく使われる

面電荷は摩擦帯電した下敷きで作れる

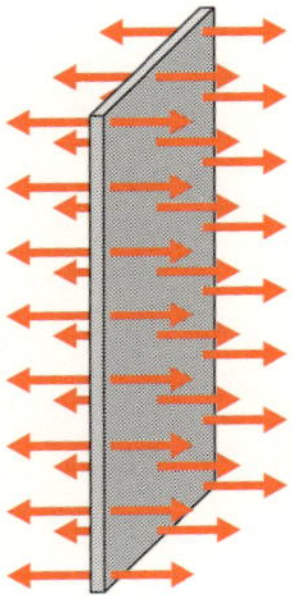

面電荷に垂直に突き刺すように円筒ガウス面を設定

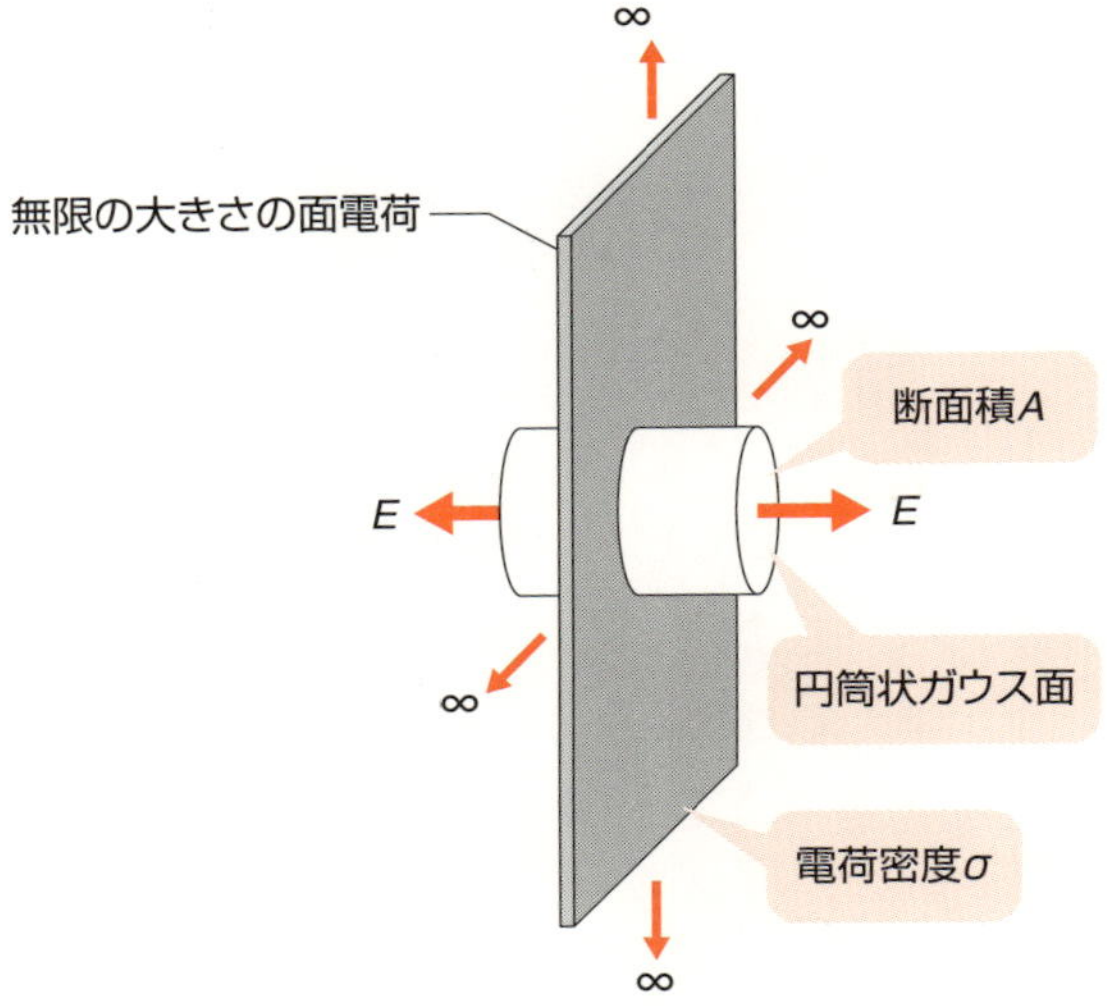

Column

点電荷とは何か?

電磁気学においては点電荷という理想概念をよく使います。点電荷の定義は「体積のない一点に存在する電荷」ですが、そもそも体積のないところに電荷は存在できませんし、電荷が存在できたとしたら体積のないところの電位は無限大になってしまいます。実際、11項において点電荷の周りの電位は点電荷に近づくにつれ無限大になる双曲線グラフになることを示しました。

点電荷等という無理な概念を使うのをやめて、ある一定の体積の球に存在する電荷の周りの電位を考えれば良さそうなものですが、そうなると、その周囲の電位は球の半径に依存し、単純な双曲線では表されなくなります。点電荷という概念を使うことによって電位の存在場所の大きさを考えずに済み、最もシンプルな式で電荷の周囲の電位や電界を表すことが可能になります。

実は現実にはあり得ない点電荷のような理想概念で公式や理論を記述するのは、電磁気学に限らず物理学の常套手段です。まずシンプルな式を手に入れておき、現実の複雑な条件における解が必要な場合はシンプルな式に修正項を加えて考えれば良いわけです。物理学等で理論の積み上げをしていく際、元の理論を極力シンプルに表現しておかないと、次の理論を積み上げるに従ってますます複雑になって収拾がつかなくなります。

実は「体積のない一点に存在する電荷」と言ってしまうとさすがにそれはあり得ないでしょうと突っ込まれそうなので、「体積無限小の点に存在する電荷」または「考えているスケールに対して十分に小さい半径の球内に存在する電荷」という言い方でも良いのです。

同様に、物理学では線については「十分に長い」「無限に長い」、面については「十分に広い」「無限に広い」という仮定をよく使います。この仮定は本文でも述べたように端部の影響を考慮に入れなくて済むようにするための単純化で、線や面のどの位置でも対称性が確保できるので、問題の単純化にとても有効です。電磁気学でも無限に広い(十分広い)面電荷、無限に長い(十分長い)線電荷、無限に(十分に)長いコイル等がよく登場します。

「点~」、「無限」、「十分」は問題を単純化するための魔法のキーワードというわけです。

第3章

電気の世界における基本法則

16 ガウスの法則の積分表現

閉曲面を突き抜ける電気力線本数を面積分で表す

ガウスの法則は数式では$\oint_s E_n ds = Q/\varepsilon_0$で表されます。「電荷$Q$を包む任意の閉曲面を貫く電気力線本数」＝$Q/\varepsilon_0$は説明済みですので、左辺の「電荷を包む任意の閉曲面を貫く電気力線本数」が$\oint_s E_n ds$で表されることを説明しましょう。

積分$\oint_s E_n ds$は、「任意の閉曲面Sを微小平面dsの集合体として表したとき、微小平面dsに垂直な電界成分E_nの大きさを全部足し合わせた（面積分した）値」を表しています。15項から登場した「閉曲面」は聞き慣れない言葉ですが、風船やゴムボールを思い浮かべて下さい。穴のない閉じた曲面が「閉曲面」です。

一方、微小平面とは何でしょう？ 広い曲面も上図のように微小平面の集合体に置き換えることができます。その微小平面がdsです。魚がウロコで覆われている状況を想像して下さい。

この微小平面ds上で電界ベクトル$\boldsymbol{E}$はdsに垂直とは限らないので、電界Eのdsに垂直な成分をE_nと表しています。「電気力線本数N」＝ESによって電気力線本数を計算する際、電界Eは面積Sの面に垂直であることを前提にしているので、電界Eが微小平面dsに対して垂直でない場合は、図のように電界Eをdsに対する垂直成分と水平成分とに分解し、垂直成分E_nを$N=E_n ds$の形で電気力線本数の算出に用います。すなわち、dsを貫く電気力線の本数は$N=E_n ds$です。

閉曲面S全体を貫く電気力線本数を計算するために各dsを貫く電気力線の本数を合計（積分）する記号が$\oint_s$です。通常の積分記号$\int$に○を加えて$\oint$の記号を使っているのは、閉曲面全体に渡って積分するという念押しの意味が込められています。

「電荷を包む任意の閉曲面を貫く電気力線本数」＝「電荷から出発した力線本数」という長い表現もシンプルな式$\oint_s E_n ds = Q/\varepsilon_0$に集約されます。

要点BOX

- $\oint_s E_n ds = Q/\varepsilon_0$
- 「電荷Qを包む閉曲面を突き抜ける電気力線本数」は$\oint_s E_n ds$で表される

微小面による曲面の表現(例)

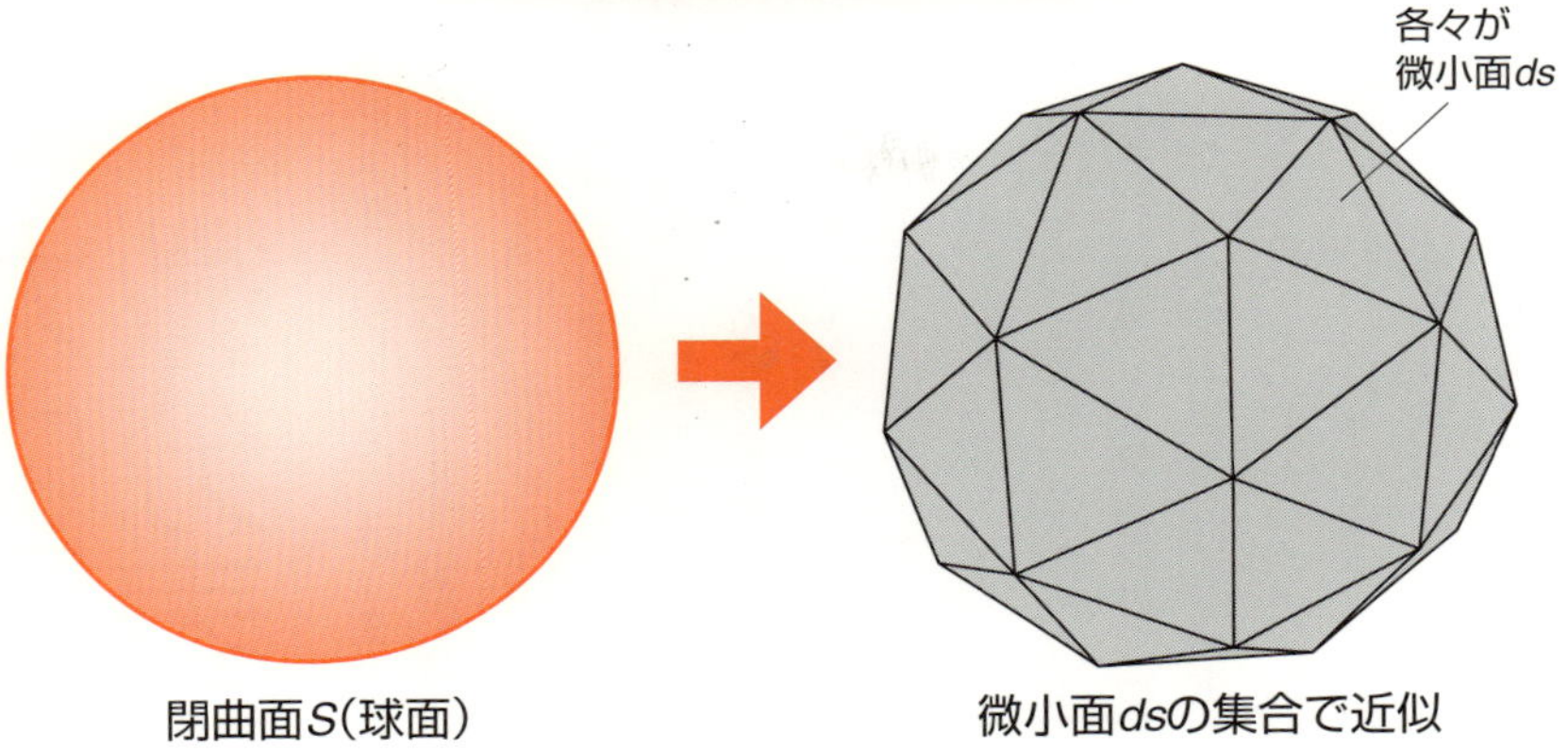

微小平面dsに垂直な電界成分E_n

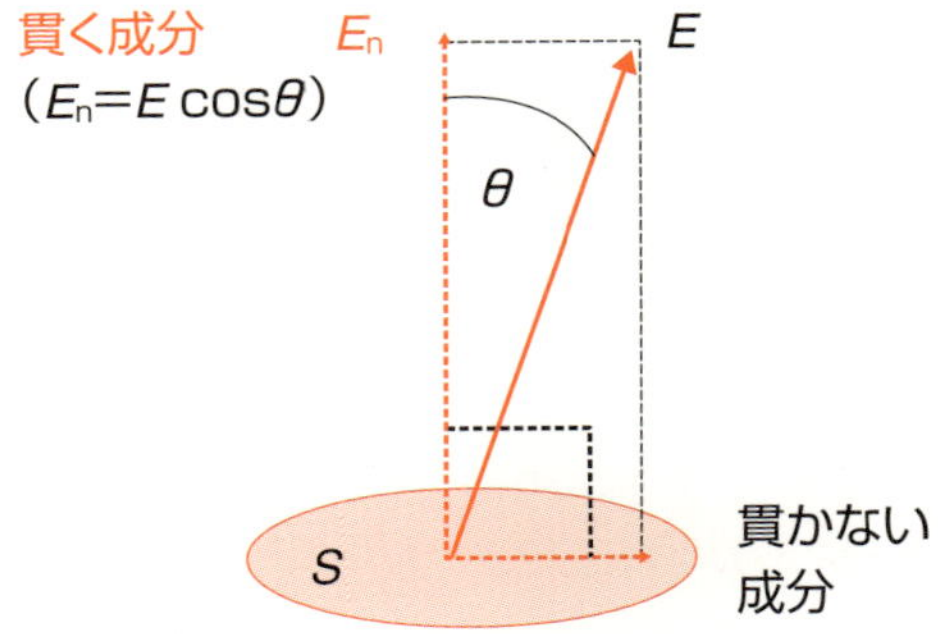

17 ガウスの法則の微分表現

ミクロな観点での電荷Qと電界Eの関係

ガウスの法則$\oint_S E_n ds = Q/\varepsilon_0$は閉曲面$S$で囲まれる巨視的（マクロ）な世界で電荷$Q$と電界$E$の関係を表しています。微視的（ミクロ）な観点でも電荷Qと電界Eの関係を表したいところです。

閉曲面Sの内部に電荷がρ [C/m^3]の密度で均一にぎっしり詰まっている場合を考えます。閉曲面Sが囲む体積をvとすると閉曲面内の電荷$Q=\rho v$です。このときガウスの式は$\oint_S E_n ds = (\rho v)/\varepsilon_0$となります。この式の両辺を$v$で割った式$(1/v)\oint_S E_n ds = \rho/\varepsilon_0$において面積$S$を限りなく小さくすると面積$S$が囲む体積$v$は無限小の点となり、右辺はその点において単位体積あたり出発する電気力線の本数となります。すなわち、この一点におけるガウスの法則はその点における電荷Qと電界Eの関係を表す式となります。

$(1/v)\oint_S E_n ds$の面積Sを限りなく小さくする操作は数式上は$\lim_{v,s\to 0}\{(1/v)\oint_S E_n ds\}$ですが、実は

$$\lim_{v,s\to 0}\{(1/v)\oint_S E_n ds\} = (\partial/\partial x)E_x + (\partial/\partial y)E_y + (\partial/\partial z)E_z$$

の関係があります。ここでE_x、E_y、E_zは電界ベクトル$\boldsymbol{E}$のx、y、z成分で$\boldsymbol{E}=(E_x, E_y, E_z)$です。また、$(\partial/\partial x)$, $(\partial/\partial y)$, $(\partial/\partial z)$は偏微分記号です。例えばE_xは（見た目とは違って）一般にx、y、zを変数とする3次元関数ですが、$(\partial/\partial x)E_x$とはE_xをxのみを変数として微分することを表します。同様に$(\partial/\partial y)E_y$は3次元関数E_yのyのみを変数とした微分、$(\partial/\partial z)E_z$は3次元関数E_zのzのみを変数とした微分です。結局$v\to 0$、$s\to 0$の極限において$(\partial/\partial x)E_x+(\partial/\partial y)E_y+(\partial/\partial z)E_z=\rho/\varepsilon_0$となります。この式は確かに左辺が微分形で、空間中の任意の一点で成り立つ微視的（ミクロ）な式になっています。これがガウスの法則の微分形です。

要点BOX

- ガウスの微分形は空間中の任意の一点で成立
- $(\partial/\partial x)E_x+(\partial/\partial y)E_y+(\partial/\partial z)E_z=\rho/\varepsilon_0$

閉曲面S(密度ρで電荷が内部に均一分布)をどんどん小さくすると…

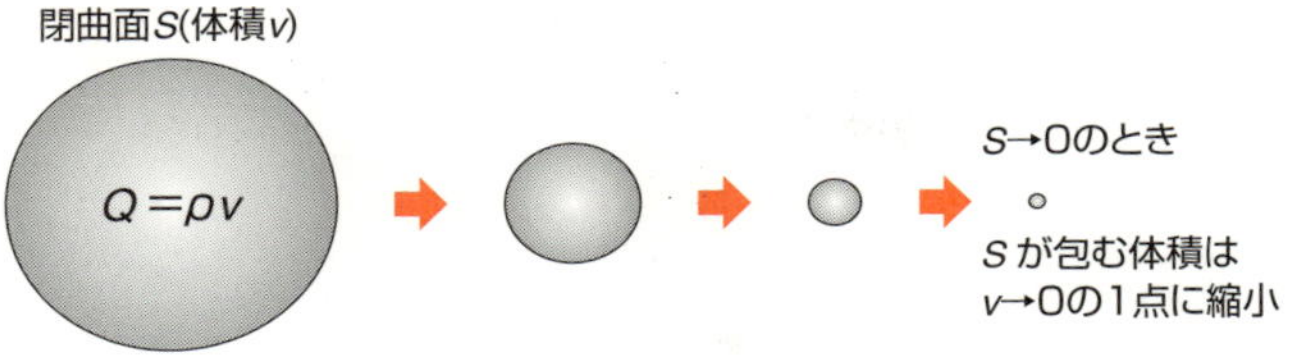

閉曲面S(体積v)
Q＝ρv
S→0のとき
Sが包む体積は
v→0の1点に縮小

$$\frac{1}{v}\oint_s E_n\,ds \quad \rightarrow \quad \rightarrow \quad \rightarrow \frac{\partial}{\partial x}E_x+\frac{\partial}{\partial y}E_y+\frac{\partial}{\partial z}E_z$$

小さくしていくと最後は点になる!

偏微分とは?(実例で確認)

関数F(x, y, z)をx, y, zのうちのどれで偏微分するかによって異なる計算結果になる!

例えばx, y, zの関数$F(x, y, z)=xy+yz+zx$を

「xで偏微分する」にはx以外を定数扱いにしてxで微分するので、x偏微分は

$$\frac{\partial}{\partial x}F(x, y, z)=\frac{\partial}{\partial x}(xy+yz+zx)=y+0+z=y+z$$

「yで偏微分する」にはy以外を定数扱いにしてyで微分するので、y偏微分は

$$\frac{\partial}{\partial y}F(x, y, z)=\frac{\partial}{\partial y}(xy+yz+zx)=x+y+0=x+z$$

同様にz偏微分は

$$\frac{\partial}{\partial z}F(x, y, z)=\frac{\partial}{\partial z}(xy+yz+zx)=0+y+x=y+x$$

ヘンビブンは、ヘンテコな微分?じゃなくて、(変数のどれかに)偏った微分ね

18 電気力線の湧き出しとは

電荷のあるところに発散(div)あり

ガウスの法則の微分形

$(\partial/\partial x)E_x+(\partial/\partial y)E_y+(\partial/\partial z)E_z=\rho/\varepsilon_0$

は左辺を書くのが面倒くさいですが、（筆者のような横着者に）嬉しいお知らせがあります。実は長い式$(\partial/\partial x)E_x+(\partial/\partial y)E_y+(\partial/\partial z)E_z$を略してdiv***E***と書いても良いことになっています。そんなに一気に略して大丈夫かと思われそうですが、div***E***中の***E***はベクトルで、***E***=(E_x, E_y, E_z)ですので元の長い式の成分E_x、E_y、E_zはちゃんと入っています。

また x、y、z成分を各々x、y、zで偏微分という規則的な演算をdivという記号が規定しています。このような略号を一般に演算子と呼びます。長くて面倒な式を簡略化して表せるので便利です。この演算子divを用いると、ガウスの法則の微分形はdiv***E***=ρ/ε_0と書くだけで済みます。

この演算子divはdivergence（発散）の略なので別名「発散」とも呼ばれます。div***E***は呼び名にふさわしく、空間中の任意の点において電気力線がどれだけ「湧き出して」いるか、すなわち出発する電気力線の本数を表します。

例えば岩風呂の底の岩の隙間の一点から温泉が湧き出している状態は、その一点においてお湯の（正の）発散がある状態です。発散には負の値もあり得るのですが、負の発散は「湧き出し」の反対ですから「吸い込み」ということになります。岩風呂の底の排水口からお湯が排出されているとき、その排出口は負の発散の値を持ち「吸い込み」があるということになります。空間中の一点においてdiv***E***が負の値であれば、電気力線がその一点に向かっていき消滅することになります。

このようにdivという演算子は横着するための記号であると同時に湧き出しか吸い込みかという「発散」の状況を表す記号でもあることを認識しておくことが重要です。

要点BOX

- div***E***は$(\partial/\partial x)E_x+(\partial/\partial y)E_y+(\partial/\partial z)E_z$の略
- div***E***=ρ/ε_0はガウスの法則の微分形
- div***E***は電気力線の「発散」を示す

湧き出しと吸い込み

湧き出し＝正の発散
（温泉噴出口）

吸い込み＝負の発散
（排出口）

発散のある流れとない流れ（水流でイメージすると）

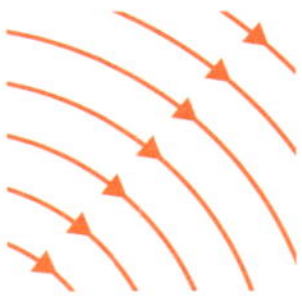

発散のない流れ
（水流に途中の増減なし）

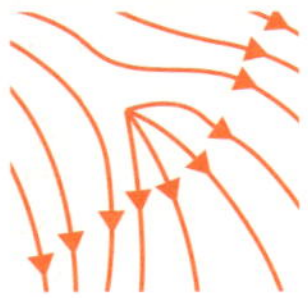

発散（正）のある流れ
（湧出口あり。途中で水流増加）

ガウスの法則の微分形div$\boldsymbol{E}=\dfrac{\rho}{\varepsilon_0}$の意味

空間中の任意の一点における電界が$\boldsymbol{E}$，電界密度がρのとき、
電界の発散（ div$\boldsymbol{E}$ ）は$\dfrac{\rho}{\varepsilon_0}$に等しい

divの一般的な意味

実は演算子divは電界ベクトル$\boldsymbol{E}$のみならず、任意のベクトルに適用可能
すなわち、任意のベクトル$\boldsymbol{A}=(A_x, A_y, A_z)$のとき

$$\mathrm{div}\ \boldsymbol{A}=\frac{\partial A_x}{\partial x}+\frac{\partial A_y}{\partial y}+\frac{\partial A_z}{\partial z}$$

19 電気の世界における斜面の傾き

傾きには方向がある

電位は山の高さのようなもので、標高分布が等高線で表されるように、電位の高低の分布は等電位面を表す曲線（等電位線）で表すことができます。地図上では等高線間隔が狭い場所ほど高低差の急激な急斜面になりますが、等電位線も間隔が狭いところほど電位差が急激な急斜面になります。このように電気の世界での斜面のきつさを表すのが「電位の傾き」です。

斜面のきつさは水平方向に一定距離進んだときの標高変化の比率で表すことができますが、山登りでも斜面のきつさは東西南北どの向きに進むかによります。あらゆる方角に対しての（標高差／水平進行距離）比がわかれば、その地点での斜面状況を知ることができます。例えば地図上で東向きを x 軸、北向きを y 軸に取り、標高を h とすれば関数 $h(x, y)$ により $x-y$ 平面における標高分布を表すことができます。このとき、ある点における斜面の x 軸方向の傾きは h の x 微分 $(\partial h/\partial x)$ で表され、y 軸方向の傾きは h の y 微分 $(\partial h/\partial x)$ で表されます。通常の微分記号 (dh/dx) や (dh/dy) を使わないのは、例えば x 方向への斜面のきつさを知るなら y 方向には移動しないで傾きを計る x 偏微分 $(\partial/\partial x)$ の出番だからです。同様に3次元空間で電位 V を関数 $V(x, y, z)$ で表すとき、x、y、z 軸方向への電位の傾きは各々 $(\partial v/\partial x)$, $(\partial v/\partial x)$, $(\partial v/\partial x)$ で表されます。

地形上の斜面の傾きは、そっと置いたパチンコ玉が転がる方向と転がる勢いでわかります。つまり斜面は傾きの「方向」と傾きの「大きさ」を持つ量としてベクトルで表現でき、例えば地形斜面の傾きは標高 h の傾きとして (x, y) 成分が $(\partial h/\partial x, \partial h/\partial y)$ のベクトルで表されます。同様に3次元空間での電位 v の傾きは (x, y, z) 成分が $(\partial v/\partial x, \partial v/\partial y, \partial v/\partial z)$ のベクトルとなります。

要点BOX

- ●電位の傾きは山の斜面の傾きのようなもの
- ●電位の傾きは「方向」と「大きさ」を持つベクトル

「電位分布と等電位線の関係」は「地形の垂直断面と等高線の関係」と同じ

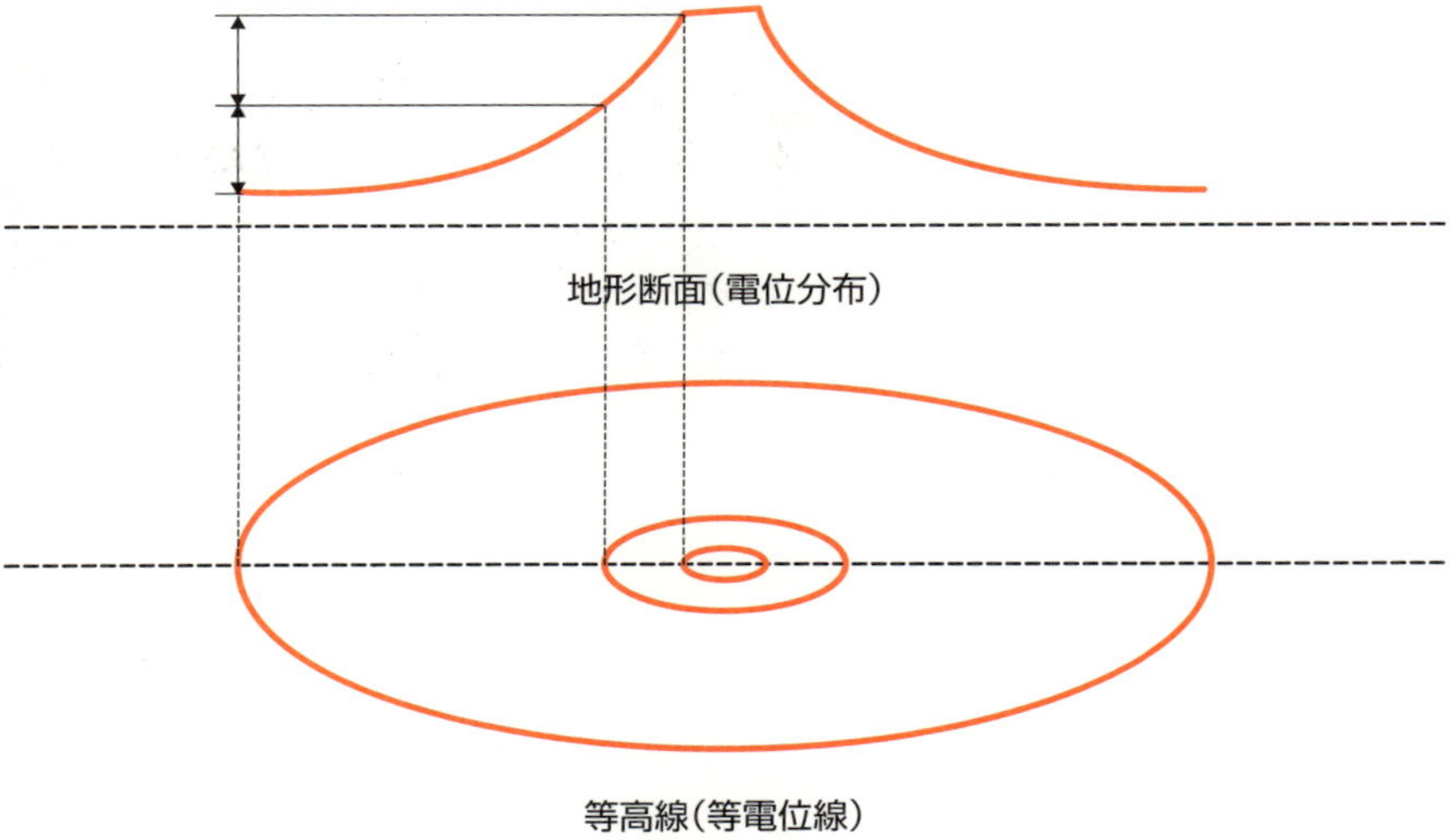

斜面の傾きは(∂h/∂x, ∂h/∂x)を(x, y)成分とするベクトルで表される

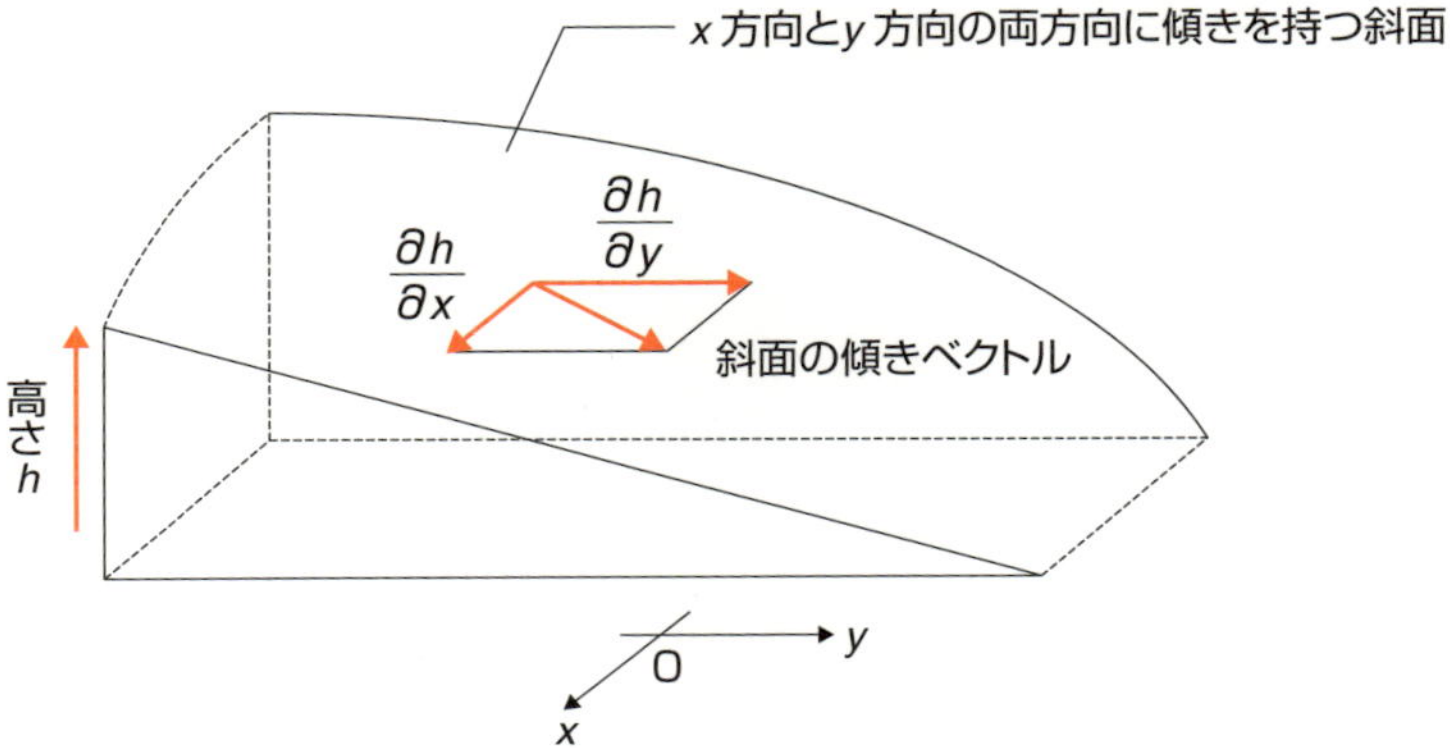

20 電位の傾きと電界の関係

「電界」と「電位の傾き」は正負が逆のベクトル

何かと便利な「単位ベクトル」についてまず紹介しておきます。3次元空間の各々x、y、z軸方向に長さが1のベクトル$\boldsymbol{i}$、$\boldsymbol{j}$、$\boldsymbol{k}$を各々単位ベクトルと呼びます。例えばA_x、A_y、A_zを（x、y、z）成分とする任意のベクトル$\boldsymbol{A}=(A_x, A_y, A_z)$は

$$\boldsymbol{A}=\boldsymbol{i}A_x+\boldsymbol{j}A_y+\boldsymbol{k}A_z$$

と書けます。電位の傾きは、（x、y、z）成分が$(\partial V/\partial x, \partial V/\partial y, \partial V/\partial z)$ですので、単位ベクトルを用いて

$$\text{電位の傾き}=\boldsymbol{i}(\partial V/\partial x)+\boldsymbol{j}(\partial V/\partial y)+\boldsymbol{k}(\partial V/\partial z)$$

となります。

ところで、電位の傾きと電界との関係はどうなっているでしょうか？ 電界ベクトル$\boldsymbol{E}$の（x、y、z）成分が(E_x, E_y, E_z)のとき$\boldsymbol{E}=\boldsymbol{i}E_x+\boldsymbol{j}E_y+\boldsymbol{k}E_z$です。実はこの電界と電位の傾きは正負が逆のベクトルで、電界＝－（電位の傾き）ですので

$$\boldsymbol{i}E_x+\boldsymbol{j}E_y+\boldsymbol{k}E_z=-\{\boldsymbol{i}(\partial V/\partial x)+\boldsymbol{j}(\partial V/\partial y)+\boldsymbol{k}(\partial V/\partial z)\}$$

すなわち、

$$E_x=-(\partial V/\partial x),\ E_y=-(\partial V/\partial y),\ E_z=-(\partial V/\partial z)$$

の関係があります。

電界の正負と電位の傾きの正負はちょうど逆に定義されていて、このように正負のみが逆の関係になるのがややこしいところです。物理指標として正電荷の周囲にできる電界を正電界と決めるのはごく自然です。しかしそれは、電荷の周りの電位の坂道としては下り坂で、数学的には微分係数が負となるので、正負が逆の関係になってしまいます。

ちなみに、電位の傾きの長い式を書く代わりにgradという簡略記号（演算子）を使うと便利です。gradはgradient（傾き）の略で

$$\mathrm{grad}V\text{は}\{\boldsymbol{i}(\partial V/\partial x)+\boldsymbol{j}(\partial V/\partial y)+\boldsymbol{k}(\partial V/\partial z)\}$$

を表します。電界と電位の傾きとの関係は

$$\boldsymbol{E}=-\mathrm{grad}\,V$$

と書けば済むのです。

要点BOX

- 電位の傾き$=\boldsymbol{i}(\partial V/\partial x)+\boldsymbol{j}(\partial V/\partial y)+\boldsymbol{k}(\partial V/\partial z)$
- $\boldsymbol{i}(\partial V/\partial x)+\boldsymbol{j}(\partial V/\partial y)+\boldsymbol{k}(\partial V/\partial z)$はgrad$V$
- 電界$\boldsymbol{E}=-\mathrm{grad}V$

単位ベクトルとは?

単位ベクトル ***i***、***j***、***k*** とは?

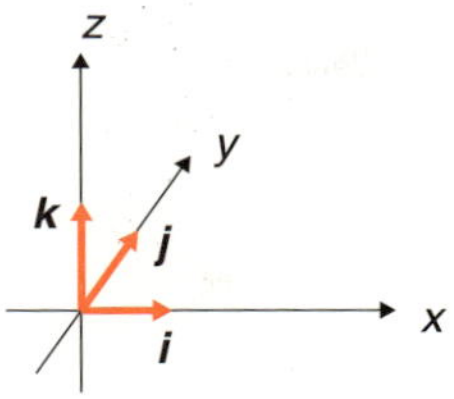

i、***j***、***k*** の長さは1

単位ベクトルと(x, y, z)成分によるベクトル表現

$\boldsymbol{A}$=(A_x、A_y、A_z)を単位ベクトルで表すと

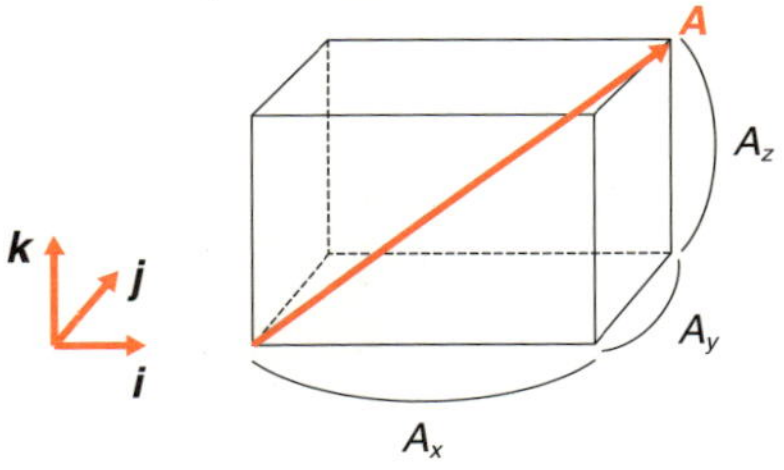

$\boldsymbol{A}=\boldsymbol{i}A_x+\boldsymbol{j}A_y+\boldsymbol{k}A_z$

電位の傾きと電界の関係

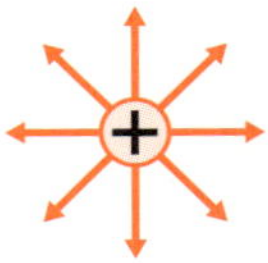

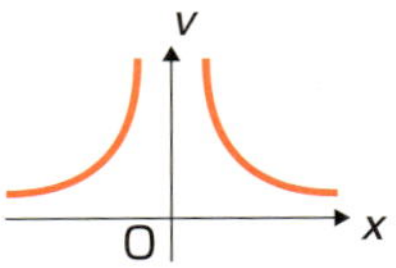

正電荷の周囲にできるのは正電界

↓

・電位分布としては
　x 軸の正方向に進むとき下り坂なのが正電界

・電位 V の傾きとしては
　x 軸の正方向に向かって下り坂なのは負の傾き

↓

「正電界」=「負の電位の傾き」の関係

21 電界と電荷の関係

ラプラス・ポアッソンの式

ガウスの法則（微分形）div $\boldsymbol{E}=\rho/\varepsilon_0$ は電界と電荷の関係を表しますが、電界と電位の関係 $\boldsymbol{E}=-\mathrm{grad}\,V$を用いてガウスの式から電界$\boldsymbol{E}$を消去すると、電位と電荷の関係式

$$(\partial^2V/\partial x^2)+(\partial^2V/\partial y^2)+(\partial^2V/\partial z^2)=-\rho/\varepsilon_0$$

が得られ、これは「ポアッソンの方程式」と呼ばれます。もし$\rho=0$の場合はこの式の右辺がゼロとなるので、

$$(\partial^2V/\partial x^2)+(\partial^2V/\partial y^2)+(\partial^2V/\partial z^2)=0$$

となり、これには「ラプラスの方程式」という別の名前がつけられています。

ラプラスの式はポアッソンの式に当然含まれていますので、わざわざ別の名前を用意するまでもないのでは？と感じる方が多いと思います。実用場面ではほとんどの場合$\rho=0$なので、$\rho=0$の場合専用のシンプルなラプラスの方程式の方が実は多用されます。

ところで、ガウスの式からポアッソンの式を導く計算では、演算子のありがたみがわかります。本当はややこしい計算も演算子のおかげでdiv(grad V)などと簡単な表記で表すことができます。

$(\partial^2V/\partial x^2)+(\partial^2V/\partial y^2)+(\partial^2V/\partial z^2)$という長い式を略す$\nabla^2$（ラプラシアン）という演算子も便利で、$(\partial^2V/\partial x^2)+(\partial^2V/\partial y^2)+(\partial^2V/\partial z^2)$を$\nabla^2V$と略すことができます。これを使うとラプラスの方程式は

$$\nabla^2V=0$$

ポアッソンの方程式は

$$\nabla^2V=-\rho/\varepsilon_0$$

と書けば済むのでぐっとシンプルになります。

演算子は一見して難解なイメージを与えがちですが、実はすっきりシンプルな表現を可能にする便利な記号なのです。

要点BOX

- $(\partial^2V/\partial x^2)+(\partial^2V/\partial y^2)+(\partial^2V/\partial z^2)$は$\nabla^2V$
- $\nabla^2V=-\rho/\varepsilon_0$（ポアッソンの方程式）
- $\rho=0$のとき$\nabla^2V=0$（ラプラスの方程式）

ポアッソンの方程式の導出

$$\mathrm{div}\boldsymbol{E}=\frac{\rho}{\varepsilon_0} \quad \cdots ①$$

$$\boldsymbol{E}=-\mathrm{grad}V \quad \cdots ②$$

②式を①式の左辺に代入すると

$$\mathrm{div}(-\mathrm{grad}V)=\frac{\rho}{\varepsilon_0}$$

負号を右辺に移して

$$\mathrm{div}(\mathrm{grad}V)=-\frac{\rho}{\varepsilon_0} \quad \cdots ③$$

ここで

$$\mathrm{grad}V=\boldsymbol{i}\left(\frac{\partial V}{\partial x}\right)+\boldsymbol{j}\left(\frac{\partial V}{\partial y}\right)+\boldsymbol{k}\left(\frac{\partial V}{\partial z}\right)$$
$$=\left(\frac{\partial V}{\partial x},\frac{\partial V}{\partial y},\frac{\partial V}{\partial z}\right)$$

ここで、任意のベクトル $\boldsymbol{A}=(A_x, A_y, A_z)$ のとき

$\mathrm{div}\boldsymbol{A}=\frac{\partial}{\partial x}A_x+\frac{\partial}{\partial y}A_y+\frac{\partial}{\partial z}A_z$ なので

div(grad V)の計算では上式の A_x, A_y, A_z を

$\left(\frac{\partial V}{\partial x},\frac{\partial V}{\partial y},\frac{\partial V}{\partial z}\right)$ で置き換えて

$$\mathrm{div}(\mathrm{grad}V)=\frac{\partial}{\partial x}\left(\frac{\partial V}{\partial x}\right)+\frac{\partial}{\partial y}\left(\frac{\partial V}{\partial y}\right)+\frac{\partial}{\partial z}\left(\frac{\partial V}{\partial z}\right)$$
$$=\frac{\partial^2 V}{\partial x^2}+\frac{\partial^2 V}{\partial y^2}+\frac{\partial^2 V}{\partial z^2}$$

これを③式の左辺に戻すと

$$\frac{\partial^2 V}{\partial x^2}+\frac{\partial^2 V}{\partial y^2}+\frac{\partial^2 V}{\partial z^2}=-\frac{\rho}{\varepsilon_0} \quad \cdots ④$$

①,②式からEを消去したポアッソンの方程式④が得られた!

22 ラプラスの式を解く

最も簡単な微分方程式の解法

ポアッソンまたはラプラスの式を用いると、ある部位の電位がわかっているとき、その周囲の空間の電位分布や電界を簡単に求めることができます。ここではその実例を紹介します。

十分広い平板電極を間隔 d で平行に並べた電極対の電位が各々 V_1、V_2（$V_1 < V_2$）であるとき、平行板電極間の電位分布を求めてみましょう。電極板間に電荷は存在しないので、次のラプラスの方程式が使えます。

$(\partial^2 V/\partial x^2)+(\partial^2 V/\partial y^2)+(\partial^2 V/\partial z^2)=0$ …①

図のように電極板に垂直 x 軸を設定します。（左の電極位置を x 軸の原点とする）平板電極が十分広いので、対称性により電極間の電位と電界は x 軸のみで決まり、ラプラス方程式は次の x 軸に関する1次元の方程式となります。

$(\partial^2 V/\partial x^2)=0$ …②

さて、これを解いて V=○○という式を求めれば良いのです。いわゆる微分方程式という、いかめしい名前のついた式ですが、ビビる必要はありません。これは極めて楽に解ける微分方程式の典型です。微分方程式を解くには積分操作を繰り返して微分の次数を減らしていけば良いのです。

②式の両辺を x で積分すると、左辺の2次微分は1次微分となり、右辺のゼロの積分は定数となるので、その定数を a と置くと

$(\partial V/\partial x)=a$（$a$ は定数）…③

さらに両辺を x で積分すると左辺の1次微分は微分以前の変数 V となり、右辺は a の積分 ax＋（積分定数）となるので、この積分定数を b と置くと

$V=ax+b$（bは定数）…④

さて、狙いどおり V=○○という式は得られましたが、値不明の定数 a、b が残っています。次項では「平行板電極の電位が各々 V_1、V_2 である」という境界条件を用いて a、b を求めます。

要点BOX

- ●問題を解くにはまず場の対称性を考える
- ●簡単な微分方程式は両辺の積分で解ける
- ●境界条件の代入により積分定数が求まる

間隔dで平行に並べた十分広い平板電極ペア

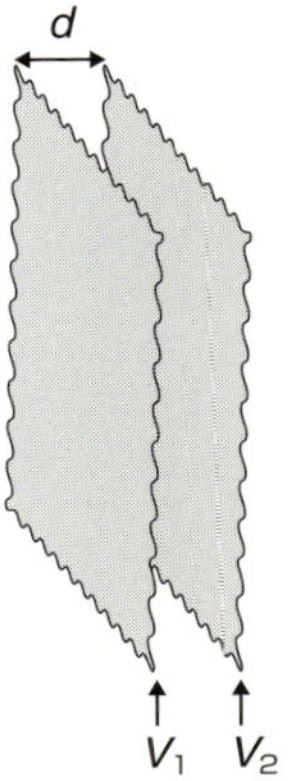

d
V_1
V_2

電極板の端がギザギザに書いてあるのは電極板が無限に広がっているイメージだね!

電極板に垂直にx軸を設定

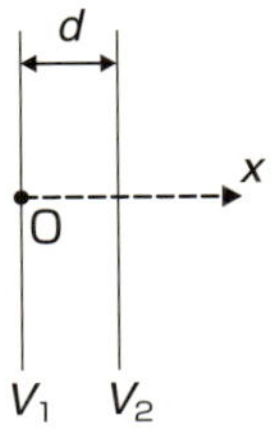

d
x
O
V_1
V_2

x軸のみの1次元の問題に単純化できます!

1次元のラプラス方程式を解く

ラプラス方程式

$$\frac{\partial^2 V}{\partial x^2} + \frac{\partial^2 V}{\partial y^2} + \frac{\partial^2 V}{\partial z^2} = 0 \quad \cdots ①$$

はx軸に関する1次元では

$$\frac{\partial^2 V}{\partial x^2} = 0 \quad \cdots ②$$

両辺をxで積分すると、

$$\frac{\partial V}{\partial x} = a \quad (a \text{は定数}) \quad \cdots ③$$

さらに両辺をxで積分すると

$$V = ax + b \quad (b \text{は定数}) \cdots ④$$

これでラプラス方程式は解けた!

あとは境界条件を用いて定数 a, b を求めれば良い

23 境界条件でラプラス方程式の答えを確定

電位から電界を求める

境界条件を用いて1次元のラプラス方程式における a、b を求めましょう。電極の電位が各々V_1、V_2なので、x座標に関して$x=0$にて$V=V_1$、$x=d$にて$V=V_2$です。これらを22項④式に代入して

$V_1=b$, $V_2=ad+b$

よって$a=(V_2-V_1)/d$, $b=V_1$と求まります。これを③式に代入すると、

$V=\{(V_2-V_1)/d\}x+V_1$ …⑤

これでV=○○の式が完全に決まりました。

電位は求まったので次に電界を求めてみましょう。電位と電界の関係式 $\boldsymbol{E}=-\mathrm{grad}\,V$ を用います。

$\mathrm{grad}\,V=\boldsymbol{i}(\partial V/\partial x)+\boldsymbol{j}(\partial V/\partial y)+\boldsymbol{k}(\partial V/\partial z)$

は$\boldsymbol{E}=(E_x, E_y, E_z)$の各成分に関して書けば

$E_x=-(\partial V/\partial x)$, $E_y=-(\partial V/\partial y)$, $E_z=-(\partial V/\partial z)$

しかし、22項でも述べたように平板電極が十分広いので、対称性により電極間の電位と電界は x 軸のみで決まり y、z 軸方向の電界はゼロで、$E_y=E_z=0$ です。

そこで、残るE_xを計算します。

⑤式 $V=\{(V_2-V_1)/d\}x+V_1$より、

$E_x=-(\partial V/\partial x)=-(\partial/\partial x)[\{(V_2-V_1)/d\}x+V_1]=-(V_2-V_1)/d$ よって $\boldsymbol{E}=-\boldsymbol{i}(V_2-V_1)/d$

平行平板の間の電界は x 軸の負方向へ、大きさが$(V_2-V_1)/d$とわかりました。この電界の値には距離の指標 x が含まれていませんので、電極間のどこでも同じ値になります。

実例として、$V_1=100$[V], $V_2=200$[V], $d=1$[cm]のとき電界の大きさを計算してみましょう。電界は、$E=(V_2-V_1)/d=(200-100)/(1\times10^{-2})=10^4$[V/m]と求まります（電界の単位は[N/C]または[V/m]です）。

ちなみに、本書の公式等はすべてMKSA単位系で統一されていますので、長さ$d=1$[cm]は$d=1\times10^{-2}$[m]と換算して代入することに要注意です。

要点BOX

- ●境界条件の代入により積分定数が求まる
- ●電界の単位は[V/m]

(1)境界条件から定数 a, b を求め電位の式を得る

$V=ax+b$

に境界条件

$x=0$ にて $V=V_1$

$x=d$ にて $V=V_2$

を代入すると、

$V_1=b$

$V_2=ad+b$

よって $a=\dfrac{V_2-V_1}{d}$, $b=V_1$

電極間の電位 V は

$$V=\left(\frac{V_2-V_1}{d}\right)x+V_1$$

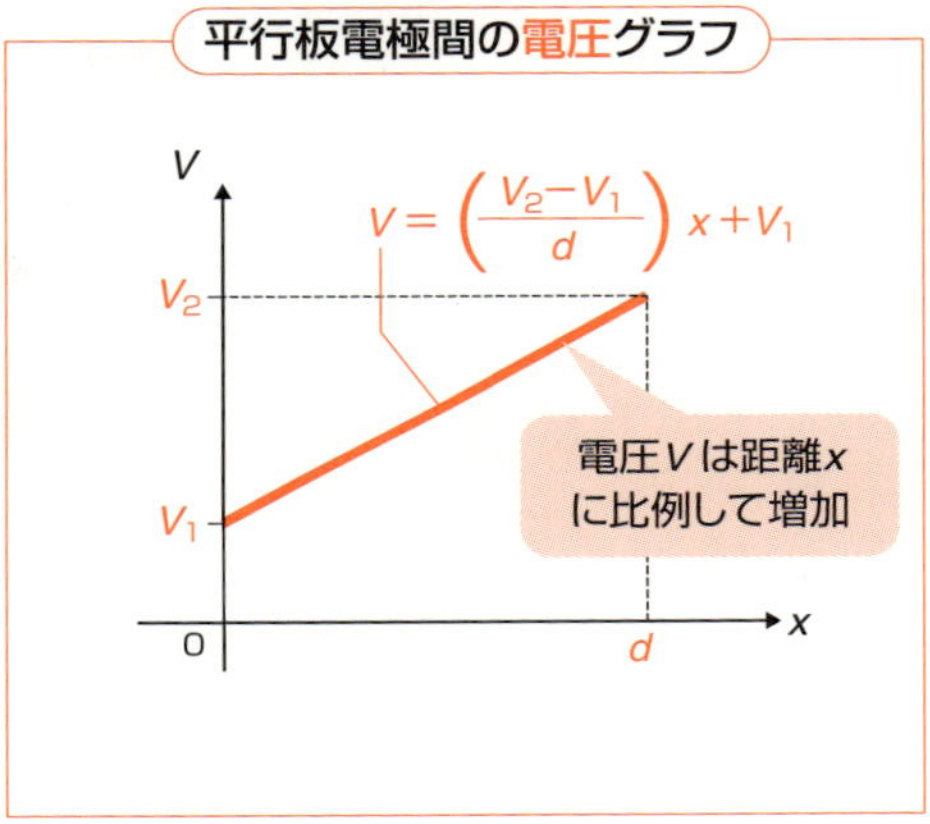

(2) 電極間の電界を求める

対称性により y, z 軸方向の電界はないので、

$$E=-\mathrm{grad}\ V$$

$$=-\boldsymbol{i}\left(\frac{\partial V}{\partial x}\right)$$

$$=-\boldsymbol{i}\frac{\partial}{\partial x}\left\{\left(\frac{V_2-V_1}{d}\right)x+V_1\right\}$$

$$=-\boldsymbol{i}\frac{V_2-V_1}{d}$$

よって電極間の電界 E は

$$E=-\boldsymbol{i}\frac{V_2-V_1}{d}$$

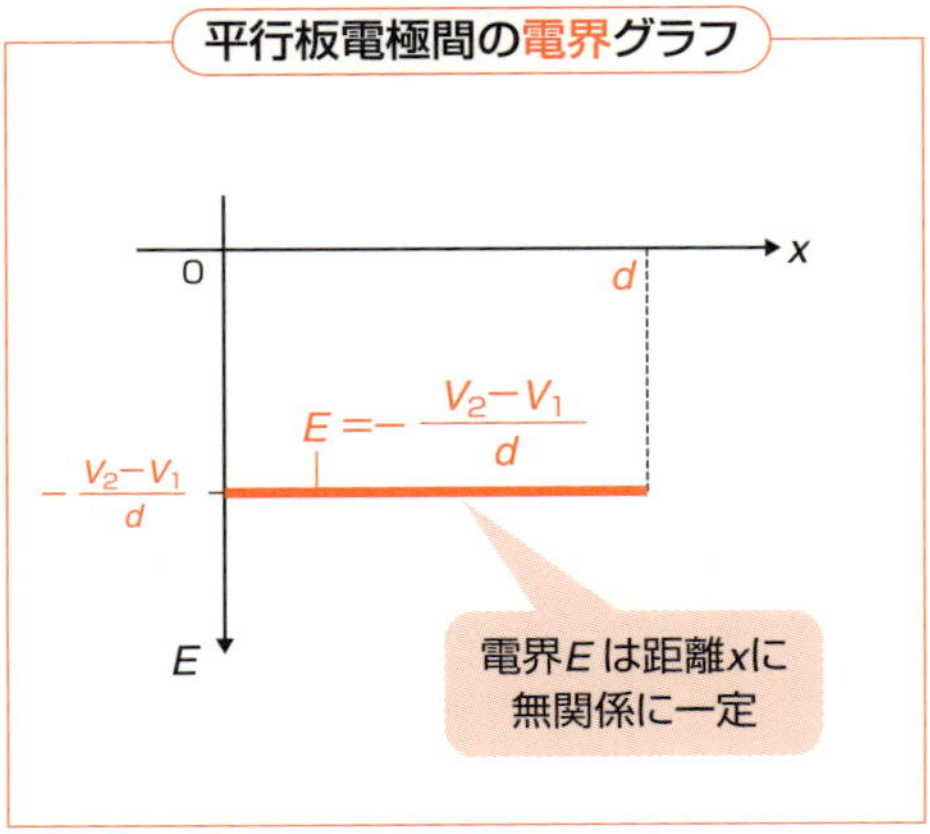

24 電位と電界と発散を視覚的に理解する

電位の微分が電界で そのまた微分が発散

ここまでの説明で、電位、電界、発散…と色々な概念が出てきて混乱しそうですので、ここでこれらの概念の関係を整理しておきます。

横軸を位置、縦軸を電位とした座標において、電位分布はこの座標軸上の曲線として表現でき、次のような関係になります。

曲線の高さ→電位V

曲線の傾き→電位の傾きgrad V（＝－電界E）

曲線の曲率→電界の発散div $\boldsymbol{E}$

上図のように視覚化すると電位、電界、発散の概念とその関係は直観的に理解しやすくなります。

また一方で、電位、電界、発散、電荷がどのような関係式で結ばれているか、表に整理しました。表内で隣接する概念同士として、電位と電界は$-\mathrm{grad}\,V=\boldsymbol{E}$，電界と発散は$\mathrm{div}\,\boldsymbol{E}$＝発散、発散と電荷は$\mathrm{div}\,\boldsymbol{E}=\rho/\varepsilon_0$の関係で各々結ばれ、いずれも1次微分の関係式になっています。一方で、表中では離れた位置にある概念同士の電位と電荷は$\nabla^2 V=-\rho/\varepsilon_0$の関係で結ばれ、これだけは2次微分の関係式になっています。電位、電界、発散、電荷という4つの指標中、電界だけはベクトルで、他はすべてスカラーであることも再認識しておきましょう。

演算子∇（ナブラ）について補足です。

$\nabla^2=(\partial^2/\partial x^2)+(\partial^2/\partial y^2)+(\partial^2/\partial z^2)$

ですが、ナブラ2乗があるならナブラ1乗はないのでしょうか?実は

$\nabla=\boldsymbol{i}(\partial/\partial x)+\boldsymbol{j}(\partial/\partial y)+\boldsymbol{k}(\partial/\partial z)$

です。でも、そう言えば、

$\mathrm{grad}\,V=\boldsymbol{i}(\partial/\partial x)+\boldsymbol{j}(\partial/\partial y)+\boldsymbol{k}(\partial/\partial z)$

ですから、

$\nabla V=\boldsymbol{i}(\partial V/\partial x)+\boldsymbol{j}(\partial V/\partial y)+\boldsymbol{k}(\partial V/\partial z)$

で$\nabla V=\mathrm{grad}\,\boldsymbol{V}$です。2種類を使い分ける必要もないので、本書ではgradを使っています。

要点BOX

- 曲線の高さは電位V
- 曲線の傾きは電位の傾きgrad V（＝－電界$\boldsymbol{E}$）
- 曲線の曲率はdiv $\boldsymbol{E}$

電位、電界、発散の概念

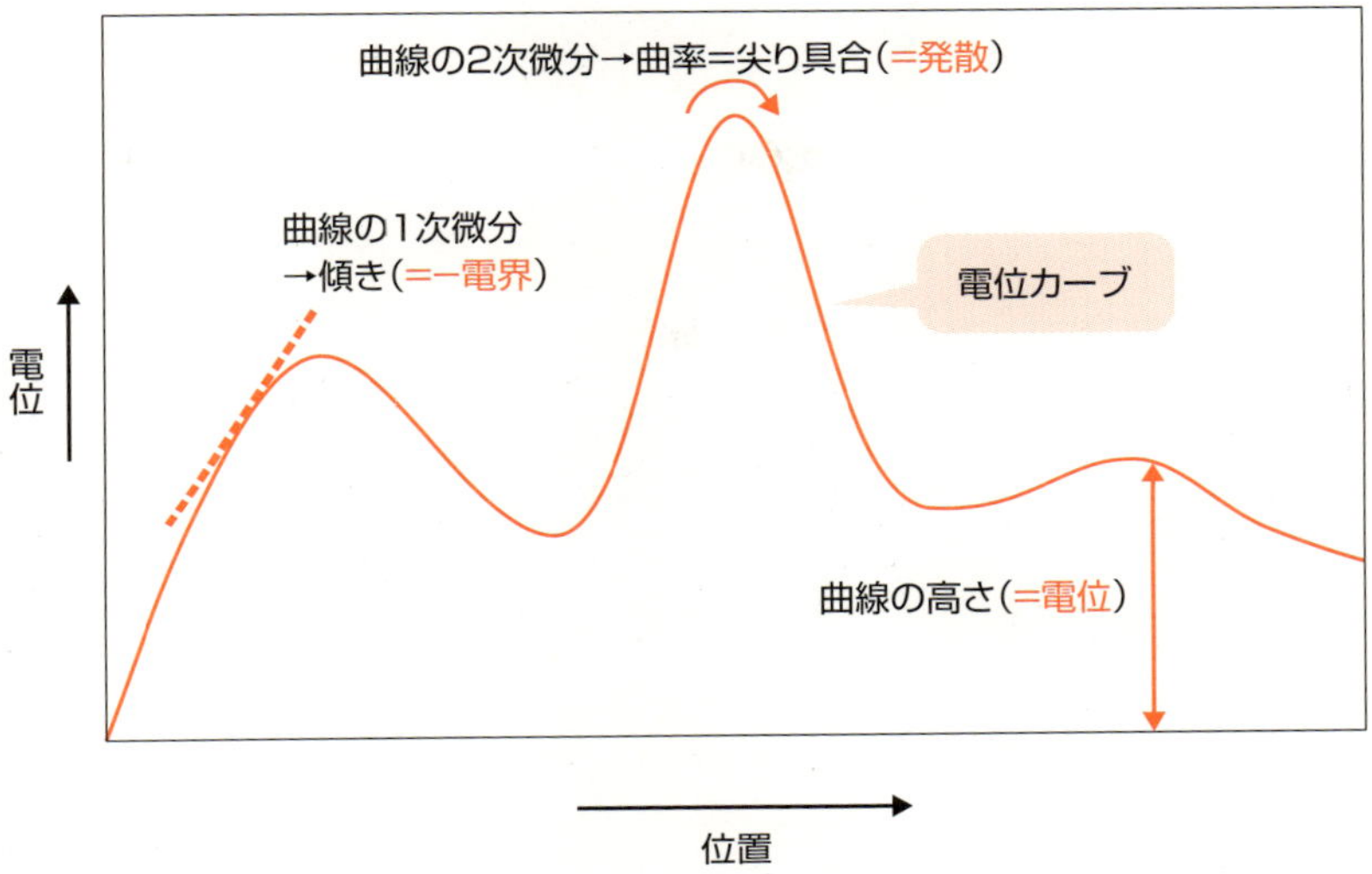

電位−電界−発散−電荷の関係

項目	電位	電界	発散	電荷
ベクトルか?	スカラー	ベクトル	スカラー	スカラー
物理的な意味	高さ	傾き	曲率	源
記号	V	$\boldsymbol{E}$	div $\boldsymbol{E}$	ρ(電荷密度)
関係	$-\mathrm{grad}\ V = \boldsymbol{E}$ −(電位の微分)=電界 (電位と電界の関係式)		div $\boldsymbol{E} = \rho/\varepsilon_0$ 発散=電荷密度/ε_0 (ガウスの法則)	
		div $\boldsymbol{E}$ = 発散 電界の微分=発散		
	$\nabla^2 V = -\rho/\varepsilon_0$ 電位の2次微分=電荷密度 (ポアッソンの法則)			

Column

地形の傾きより1次元多い電位の傾き

　３章では電気の世界における斜面の傾きが電界であると説明し、傾きには方向があることを山の斜面の例で説明しました。実は地形の傾きのベクトルは水平面上にあって東西南北間のいずれかの角度を持ち、斜面のきつさはベクトルの長さで表されますので、斜面に応じて上空方向やその逆方向を向いたりはしません。２次元平面の各座標点が高さというスカラー量を与えられているのが地形ですので、高さの傾きの方向は２次元平面上に張り付いたベクトルの向きとして表され、傾きの大きさはそのベクトルの長さで表されますので傾きのベクトルは２次元量として、例えばxとyという２つの値で表現されます。これに対し電気の世界では、３次元空間の各座標点に電位というスカラー量が与えられますので、電位の傾きの方向は３次元空間の上下左右あらゆる方向のいずれかを指すベクトルの向きで表され（電位の傾きの大きさは地形の傾きと同じくベクトルの長さで表され）、例えばxとyとzという３つの値で表現されます。つまり３次元ベクトルとなる電位の傾きを２次元ベクトルにしかならない地形斜面の傾きの例を用いて図解説明することには実は原理的に無理があります。３次元座標点の各点が持つスカラー量を視覚的に理解できる斜面のように表現することはもはや不可能なので、視覚に訴えるには一つ次元を落とした地形斜面の例で説明するしか方法がないという事情です。

　スキーが趣味の筆者はゲレンデの斜面には東西南北のいずれかに向かう最大傾斜線方向があり、その方向へスキーを向けると最もスピードが出ることは実感しています。例えばもし空中において座標に依存した任意の空気密度を定常的に用意できたとして（時間的に固定するのが困難と思われますが）、その密度差に応じてスピードが出るような飛行マシンが発明できたとしたら、空間には上下左右あらゆる方向を取り得る最大傾斜方向に飛行マシンを向けるのが最もスピードが出るという実体験で３次元ベクトルが実感できるかもしれませんね。

第4章

真空でないときの電気現象は?

25 電気を貯めるコンデンサ(キャパシタ)

平行平板電極の特性

回路中で一時的に電荷を貯める基本要素として利用されるコンデンサについて考えます。

コンデンサの基本形として図のように十分広い面積Sの電極板が距離dで平行にあり、各々の電極に正負の電荷が$\pm\sigma$ [C/m^2] の電荷密度で均一分布するモデルを考えます。このとき電極間の電界を求めてみます。電荷と電界の関係と言えばガウスの法則の出番ですね。電極面積が十分広いとき、電極間での電界は電極端まで電極に垂直で均一と近似でき、その電界をEとします。

断面積Aの円筒状の閉曲面を正電荷側の電極に垂直に突き刺さる位置に設定します（下図）。

この円筒中に含まれる電荷は、電荷密度×面積＝σAです。一方、この閉曲面を貫く電気力線の本数を数えます。電極間側に突き出した底面を垂直に貫く電気力線は、力線本数＝電界×面積＝EA本です。電界は電極間にしかないので、もう一方の底面を貫く電気力線はなく、また電気力線は円筒側面に平行で円筒側面を貫く電気力線はないので、この円筒閉曲面を貫く電気力線は全部でEA本です。これらの結果をガウスの法則「電荷Qを包む任意の閉曲面を貫く電気力線本数」＝Q/ε_0に代入すると、$EA=(\sigma A)/\varepsilon_0$より電極間の電界$E=\sigma/\varepsilon_0$と求まります。

均一電界では電界＝(電位差)/(距離)なので、電極間の電位差V＝(電界)×(距離)＝$Ed=(\sigma/\varepsilon_0)d$となります。すなわち電位差$V$は電荷密度$\sigma$に比例し、(電荷/電位差)＝$Q/V$の比は一定です。これがこの平行電極対の静電容量（Capacitance）と呼ばれる値で、記号Cで表されます。電極板の総電荷量Q＝(電荷密度)×(面積)＝σSですので、平行平板の静電容量Cは

$$C=Q/V=(\sigma S)/\{(\sigma/\varepsilon_0)d\}=(\varepsilon_0 S)/d$$

となり、電荷密度σに無関係に決まります。

要点BOX

- ●静電容量$C=Q/V$
- ●面積S、距離dの平行電極の$C=(\varepsilon_0 S)/d$

平行平板電極間の電界

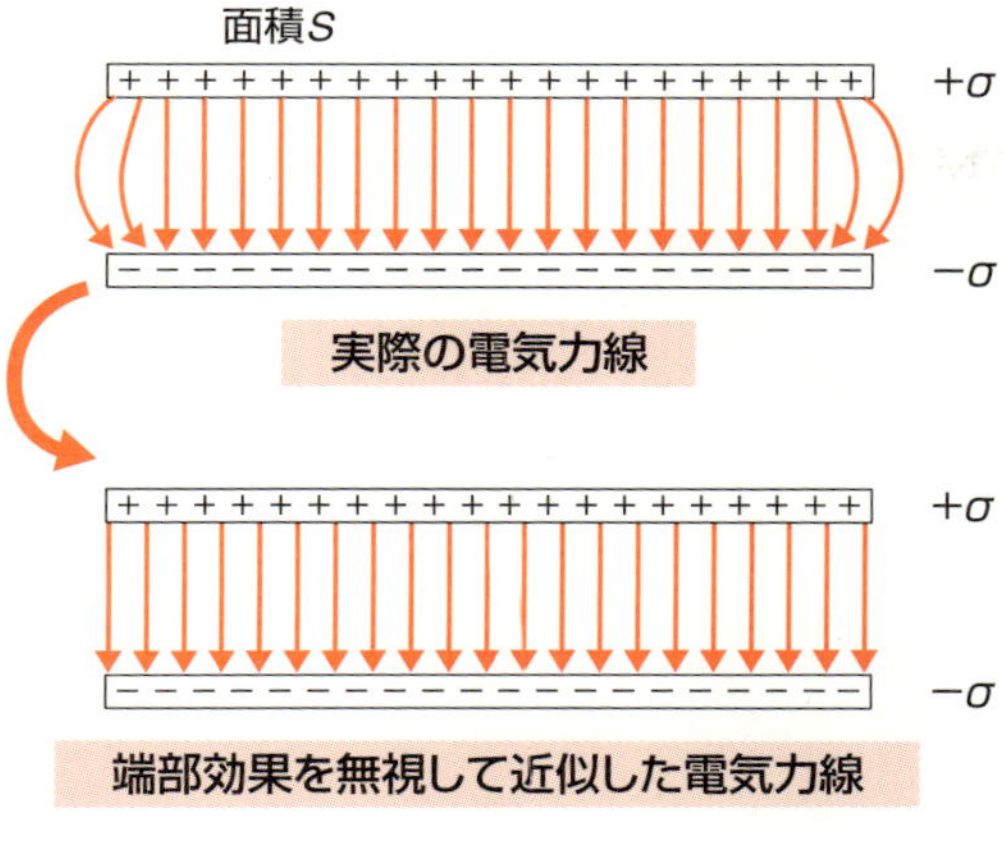

ガウスの法則を用いて平行平板電極間の電界と電圧を求める

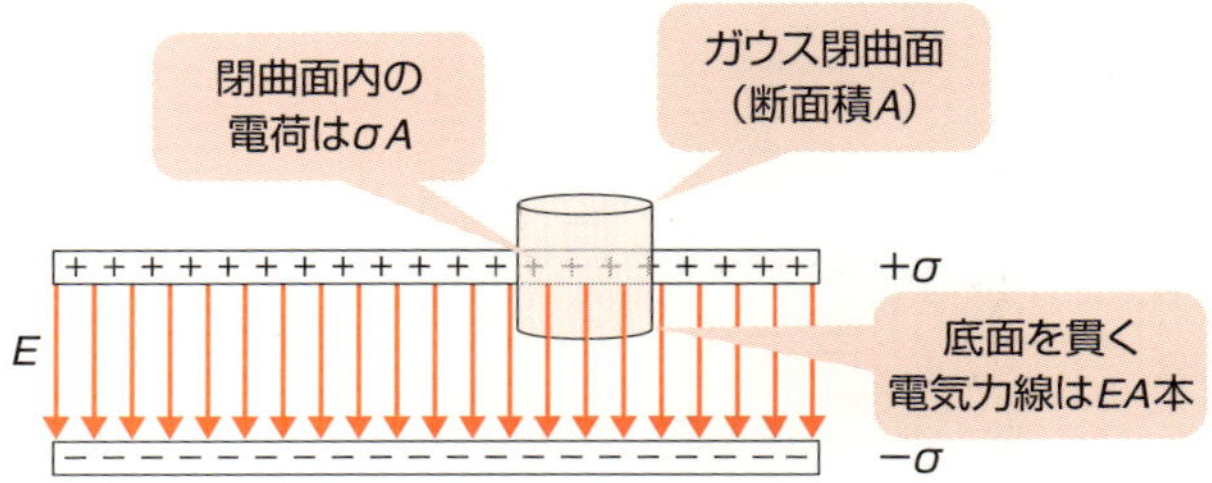

ここでのガウスの式は $EA=\dfrac{\sigma A}{\varepsilon_0}$

よって極板間の電界$E=\dfrac{\sigma}{\varepsilon_0}$

また極板間の電圧 $V=Ed=\dfrac{\sigma}{\varepsilon_0}d$

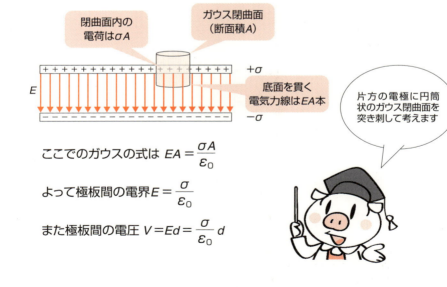

26 優れたコンデンサとは

コンデンサの能力を決める要素

コンデンサの能力は何で決まるのでしょう? $C=Q/V$の関係より$V=Q/C$ですから、同じ電荷量Qを貯めたコンデンサでも容量Cが大きいほど、電圧Vは小さくなります。実際のコンデンサで電圧Vが高くなりすぎると電極間で火花放電等が起こってショートし、コンデンサは破壊されますので、電圧Vには許容限界があります。すなわち、容量Cの大きなコンデンサは電圧Vが放電限界に達しない範囲で、より多くの電荷Qを貯めることができます。これは図のように断面積の異なる容器に同量の水を注いだとき、水面の高さが異なるのと似ています。コンデンサ容量Cは容器の断面積に相当し、電圧Vは水面の高さに相当します。

ここで、25項で求めた「面積S、距離dの平行平板電極のコンデンサ容量$C=(\varepsilon_0 S)/d$」の示す意味を考えてみます。コンデンサ容量Cは極板面積Sに比例し、極板距離dに反比例します。すなわち面積は広いほど、極板距離は近いほど、コンデンサとしての電荷蓄積能力は大きくなります。

$C=(\varepsilon_0 S)/d$の関係から、コンデンサの容量は真空の誘電率ε_0に依存していることがわかります。これはε_0にもっと大きな値が入ればコンデンサの容量は大きくなることを示唆しています。真空でないときの電気現象については後述しますが、実際のコンデンサでは電極間には真空よりも誘電率の高い物質を挟むことによって容量を高めています。

静電容量の単位は$C=Q/V$の関係により「クーロン/ボルト」なのですが、通常は[F(ファラッド)]という専用の単位を使います。

コンデンサは電荷を貯めることによって電池と同様に電気エネルギーを貯めていることになります。貯まっているエネルギーをWとすると$W=(1/2)CV^2$で表されます。

要点BOX

- ●コンデンサの容量Cは容器の断面積に相当
- ●コンデンサの持つエネルギー$W=(1/2)CV^2$

コンデンサ容量Cは容器の断面積に相当する

同じ体積Xの水を断面積の異なる
バケツに注いだときの水面の高さは?

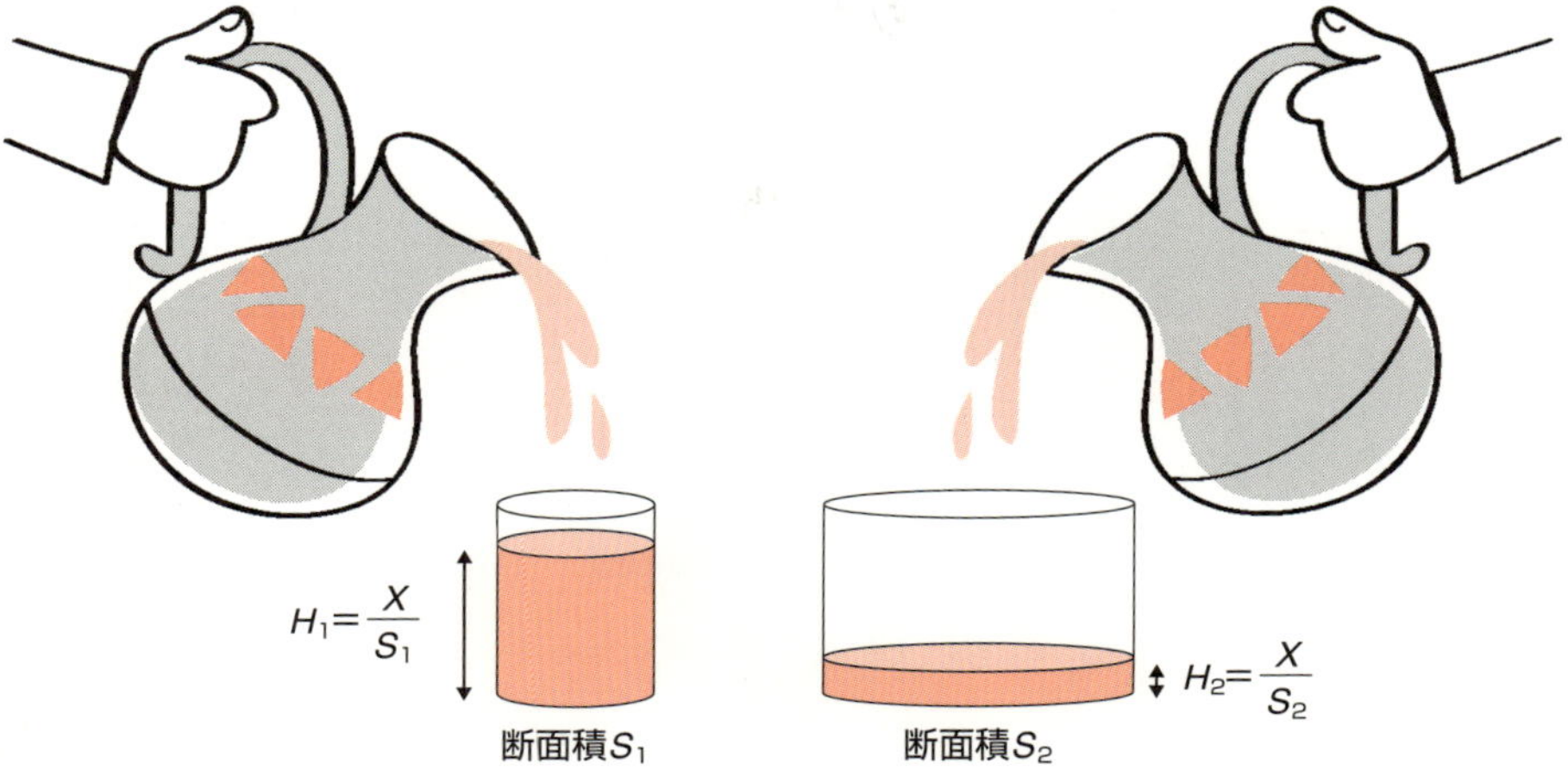

断面積がSのバケツに体積Xの水を貯めたとき
水面の高さ$H=\frac{X}{S}$

バケツの断面積S ⟷ コンデンサの容量C
体積Xの水 ⟷ 電荷量Qの電荷
水面の高さH ⟷ 電圧V

容量がCのコンデンサに
電荷量Qの電荷を貯めたとき
電圧$V=\frac{Q}{C}$

同量の水を貯めたとき、断面積の大きな容器ほど水面の高さが低い

同量の電荷を貯めたとき、容量の大きなコンデンサほど電圧が低い

27 導体内の電荷分布はどうなっているか

導体内では電界はゼロ

導体に電荷を与えたときの電荷分布はどうなるか、導体内部に均等に分布するのか、導体球で考えてみましょう。ガウスの法則の出番です。

半径 R の導体球内に同じ中心の半径 r の球状ガウス閉曲面（$r<R$）を設定します。導体内は同電位で電界＝0ですので、ガウス閉曲面上でも電界＝0であり閉曲面を貫く電気力線はありません。したがってガウスの法則 $\oint_S E_n ds = Q/\varepsilon_0$ において左辺がゼロです。ガウスの式は $0 = Q/\varepsilon_0$ となり、$Q＝0$ すなわち、ガウス閉曲面内の電荷はゼロです。閉曲面の半径 r を極限まで同体球の半径 R に近づけても $Q＝0$ に変化はないので、導体球内に電荷は一切存在しないという困った結論になりそうです。

唯一の逃げ道は、この答えが $r \to R$ の極限までは成り立つものの、$r＝R$ の場合まではカバーしていないことです。すなわち電荷は導体球の表面層にのみ集中して存在するのです。実際は例えば負帯電球では過剰な自由電子が表面から極めて浅い部分に表面寄りに集中して存在します。

この表面電荷が作る電界をガウスの法則で考えます。微小な円筒状のガウス閉曲面（断面積は微小な値 ΔS）を導体球表面に垂直に突き刺した状態に設定します。導体球表面は等電位面で、「電気力線」⊥「等電位面」であり、「電界の方向」＝「電気力線の方向」なので、導体表面の電界は表面に垂直です。その電界を E とすれば、球の外側の円筒端面を貫く電気力線本数は $E\Delta S$、球の内側の円筒端面を貫く電気力線本数はゼロ（球内部の電界は0なので）、円筒側面を貫く電気力線はゼロなので、ガウス面全体を貫く電気力線の総本数は $E\Delta S$ となります。一方でガウス閉曲面内の電荷 Q は、円筒断面積 ΔS に切り取られる部分の表面電荷密度を σ とすれば $\sigma\Delta S$ です。これらをガウスの式に代入すると $E\Delta S = \sigma\Delta S/\varepsilon_0$ となり、$E=\sigma/\varepsilon_0$ と求まります。

要点BOX

- 導体球内の電荷は表面に集中して存在する
- 導体表面の電荷密度 σ のとき表面での電界 $E=\sigma/\varepsilon_0$

導体内の電荷分布

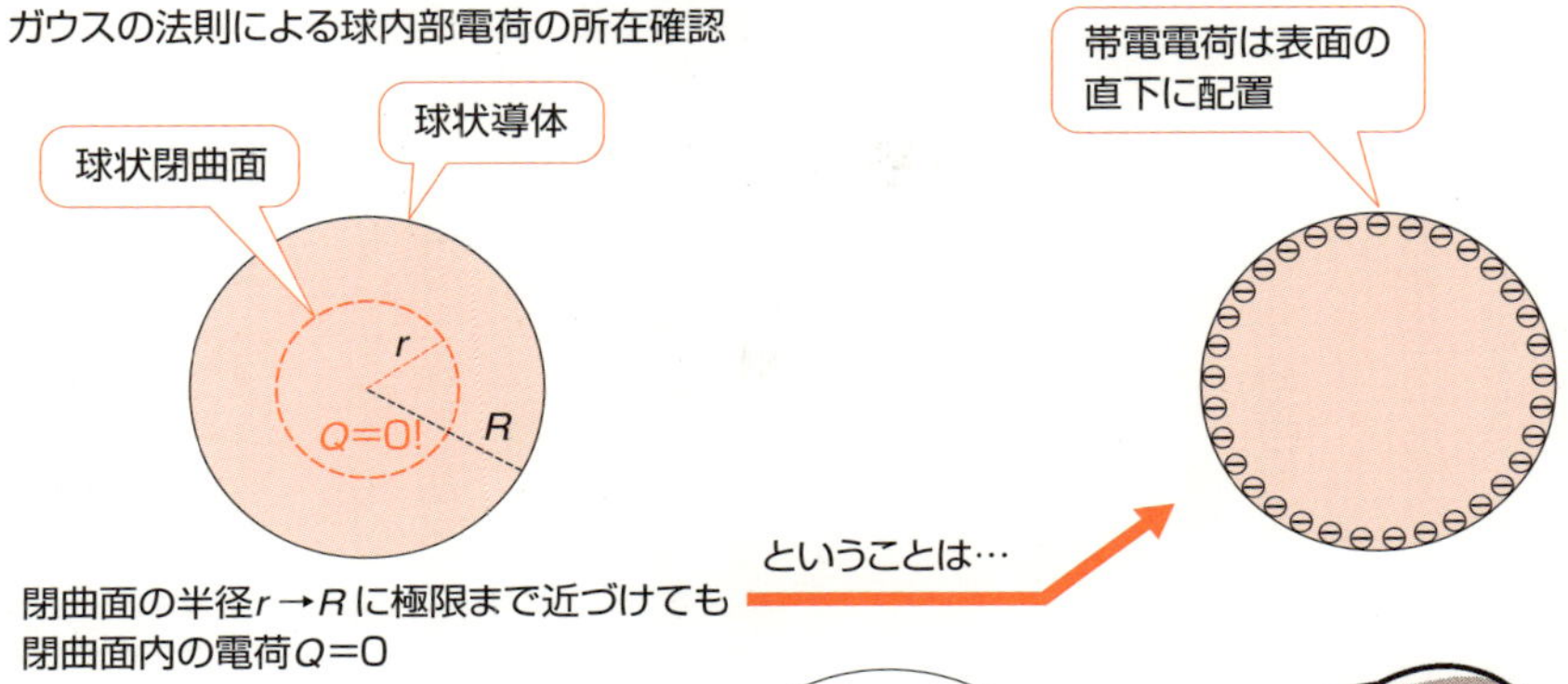

ガウスの法則による球内部電荷の所在確認
球状閉曲面

帯電電荷は表面の直下に配置
ということは…
閉曲面の半径r→Rに極限まで近づけても
閉曲面内の電荷Q=0

ガウスの法則による表面電界の算出

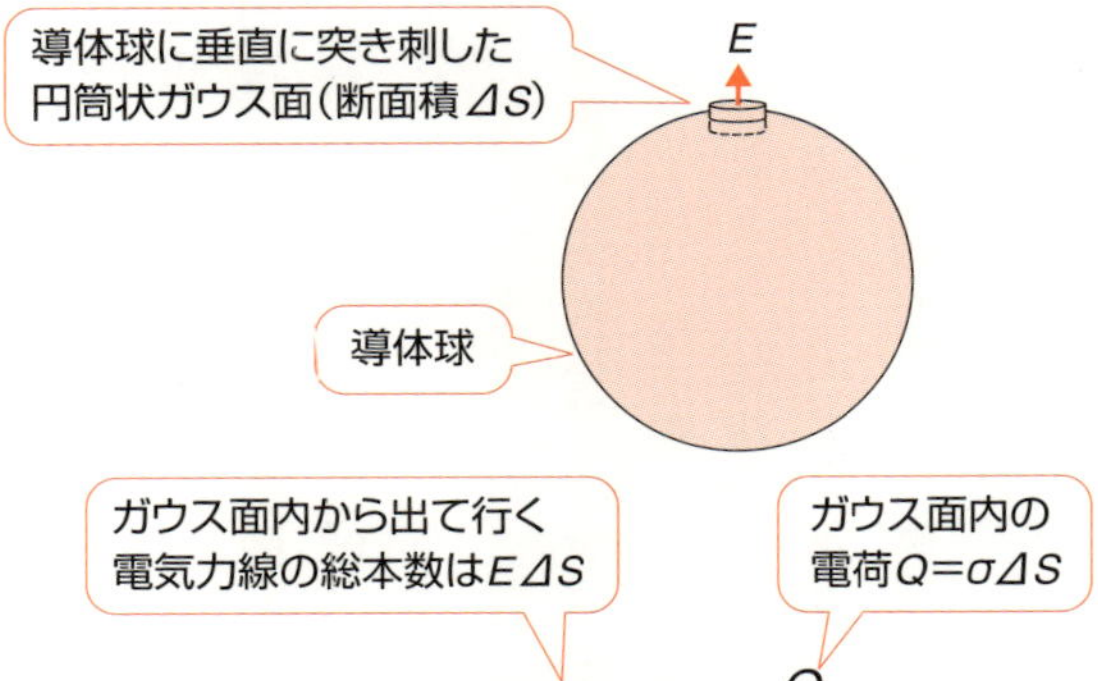

ガウスの法則 $\oint_s E_n\,ds=\dfrac{Q}{\varepsilon_0}$ は

$$E\Delta S=\frac{\sigma\Delta S}{\varepsilon_0}$$

$$\therefore E=\frac{\sigma}{\varepsilon_0}$$

28 導体に映る電荷の鏡像

実在電荷の鏡像を導体内に仮定して電気力線を描く

与えられた条件下で電界を求める課題はよく出現します。ラプラスの方程式を用いてコンピュータ計算をするのが実用的な方法ですが、どんな電界になりそうか机上計算で予想できると何かと好都合です。真空中や空気中での電界は求めやすいのですが、空間に導体が共存している場合は導体の影響で導体外の電界も変化しますので少々やっかいです。このような場合に非常に便利なのが「鏡像法」です。

鏡像法は「等電位面を導体で置き換えて、導体に等電位面と同電位を与えても電界は変化しない」という一般則を巧妙に使うものです。導体内はどこも同電位なので、等電位面と置き換え可能です。図ⓐは導体の上方に正の点電荷を置いたときの電気力線と等電位面の模式図で、電気力線は導体表面に垂直に入射して消滅しています。導体表面で電気力線の消滅があることは導体内の表面に負電荷があることを示しており、それは上方の正電荷によって導体内に誘導された負電荷です。図ⓑは正／負の等しい大きさの点電荷が離れて存在するときの電気力線と等電位面の模式図です。図ⓐと図ⓑを見比べると、図ⓑの電気力線等の上半分は図ⓐと同じです。図ⓐの配置において導体内に誘起される電荷は導体の表面直下に存在するのですが、導体表面を鏡と見立てて導体表面上方の正電荷の鏡像(虚像)ができる位置に正電荷と同じ電荷量の負電荷を図ⓒのように仮想し、これら正／負電荷間の電気力線等を描いて下半分を消すと、正電荷が導体に向かって形成する電気力線等が得られます。実在電荷の鏡像を導体内に仮定する方法が「鏡像法」と呼ばれる由来です。最初に紹介した一般則に当てはめて言えば「図ⓑ中央の水平直線は電位ゼロの等電位面になっているので、この等電位面を導体で置き換えて、その等電位面と同じ電位ゼロを与えたのが図ⓐ」であることで鏡像法が成り立っています。

要点BOX
- ●実電荷の鏡像(逆極性)を導体内に仮定する
- ●実電荷と鏡像電荷の合成電界が導体外にできる

鏡像法

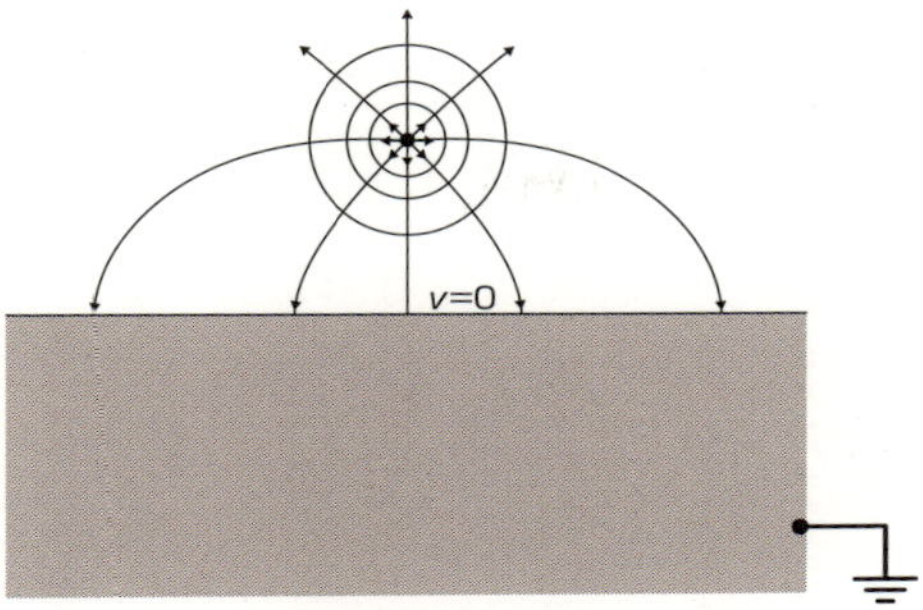

(a)導体上の正電荷が作る電気力線と等電位面

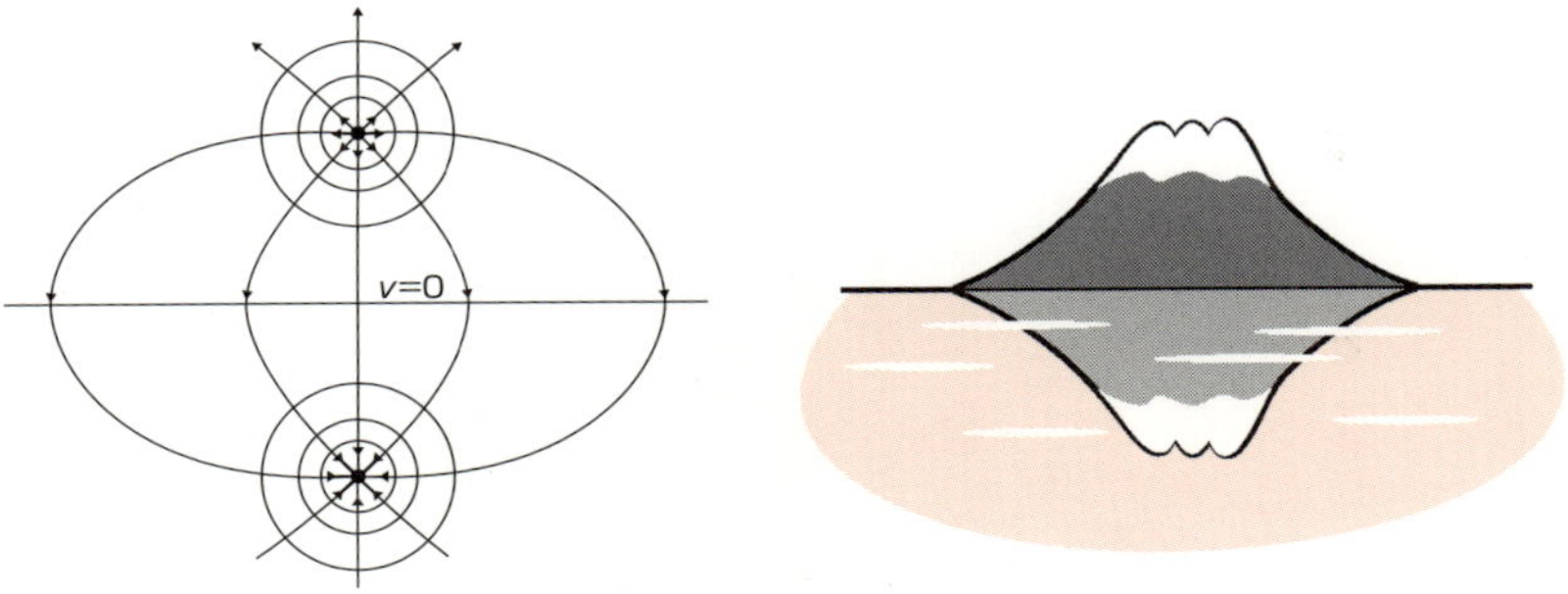

(b)正負電荷対が作る電気力線と等電位面

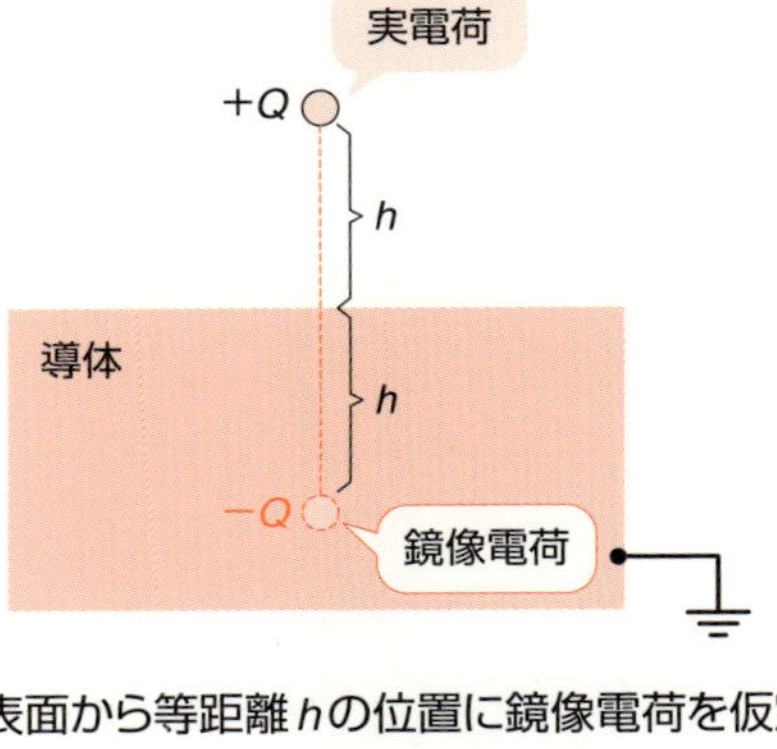

(c)導体表面から等距離 h の位置に鏡像電荷を仮定

29 鏡像法で電界を求める

複雑な電界も簡単に求まる

鏡像法を利用してどんな問題が解けるか、例題をやってみましょう。導体平面上の高さ h の位置に点電荷 $+Q$ があるとき、導体表面の電界を求めてみます。まず導体表面から深さ h の位置に鏡像電荷 $-Q$ を仮定します。点電荷の真下の導体表面上の点からの水平距離を r とすれば、導体面上の電界は導体表面の半径 r の円上で同一強度で、等電位面である導体表面に垂直になります。実在電荷による電界をベクトル $\boldsymbol{E}_1$、鏡像電荷による電界をベクトル $\boldsymbol{E}_2$ とすれば、求める電界ベクトル $\boldsymbol{E}$ はベクトル $\boldsymbol{E}_1$、$\boldsymbol{E}_2$ の合力として $\boldsymbol{E}=\boldsymbol{E}_1+\boldsymbol{E}_2$ となります。

電荷 Q から導体表面上の r の位置までの距離を R とすると、実電荷と鏡像電荷による電界 E_1、E_2 は $E_1=E_2=Q/(4\pi\varepsilon_0 R^2)$ です。ベクトル $\boldsymbol{E}$ の大きさは真ん中の図の三角形の相似関係により

$$E=2E_1(h/R)=2E_2(h/R)$$

であり、$R=\sqrt{r^2+h^2}$ ですので、

$$E=\{2Q/(4\pi\varepsilon_0 R^2)\}(h/R)$$
$$=Qh/(2\pi\varepsilon_0 R^3)$$
$$=Qh/\{2\pi\varepsilon_0(r^2+h^2)^{3/2}\}$$

となり、導体表面の電界は、電荷 Q の高さ h と電荷からの水平距離 r により決まります。

また導体表面の各位置における局所的な電荷密度 σ と、導体表面の電界 E とは $E=\sigma/\varepsilon_0$ の関係にあるので、$\sigma=\varepsilon_0 E$ により

$$\sigma=\varepsilon_0 Qh/\{2\pi\varepsilon_0(r^2+h^2)^{3/2}\}$$
$$=Qh/\{2\pi(r^2+h^2)^{3/2}\}$$

となります。本式は電荷密度 σ が $r=0$（すなわち Q の直下）にて最大で、r が増加する（直下から離れる）に従って減少することを示します。

実際に電荷 Q、電荷の高さ h、電荷直下からの水平距離 r の値を与えれば、電界 E と電荷密度 σ の値を表面の個々の場所について知ることができます。鏡像法の便利さがわかりますね。

要点BOX

- 導体表面の電荷密度 σ と電界 E は比例
- $\sigma=\varepsilon_0 E$

鏡像法の適用例

●表面の電界と電荷密度を求める

点電荷Qから距離Rの地点の電界は

$\dfrac{Q}{4\pi\varepsilon_0 R^2}$ なので

$$E_1=E_2=\frac{Q}{4\pi\varepsilon_0 R^2}$$

$R=(r^2+h^2)^{\frac{1}{2}}$ なので
表面の電界の強さEは

$$E=2E_1\left(\frac{h}{R}\right)$$
$$=\frac{2Q}{4\pi\varepsilon_0 R^2}\ \frac{h}{R}$$
$$=\frac{Qh}{2\pi\varepsilon_0 R^3}$$
$$=\frac{Qh}{2\pi\varepsilon_0 (r^2+h^2)^{\frac{3}{2}}}$$

表面電荷密度σは

$$\sigma=\varepsilon_0 E$$
$$=\varepsilon_0\frac{Qh}{2\pi\varepsilon_0 (r^2+h^2)^{\frac{3}{2}}}$$
$$=\frac{Qh}{2\pi (r^2+h^2)^{\frac{3}{2}}}$$

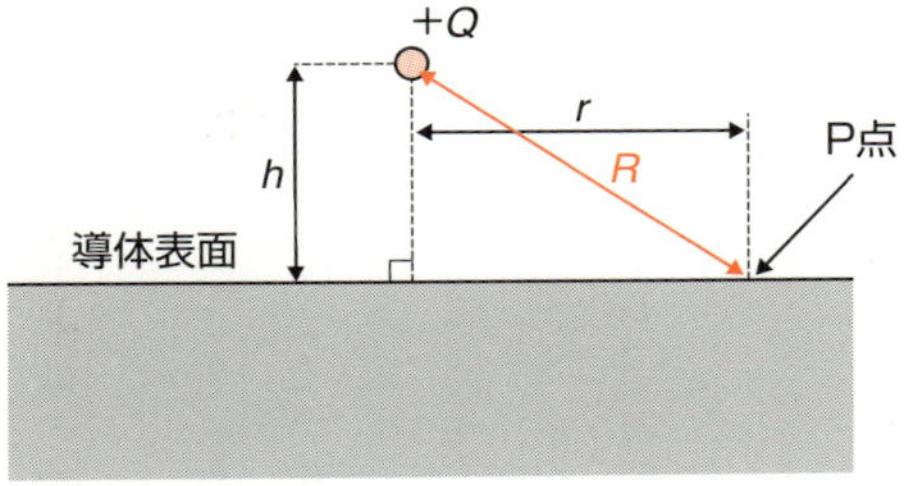

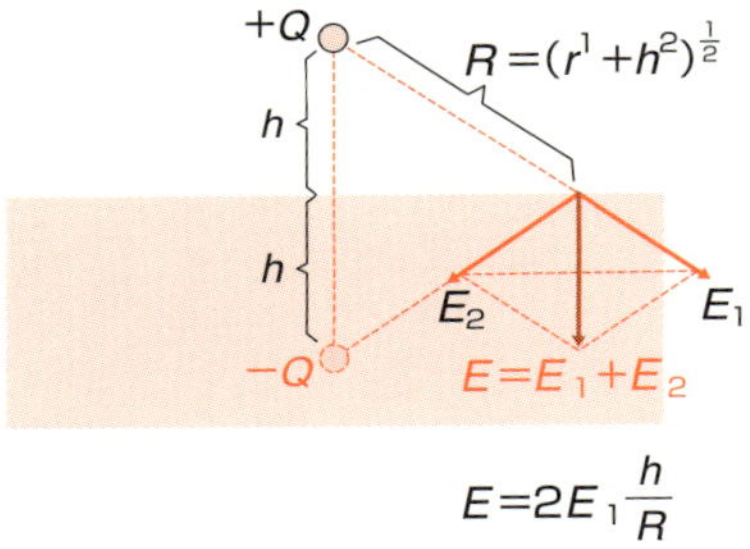

●典型的な数値を入れて実例計算

$Q=10^{-9}$[C]、$h=1$[m]、$r=1$[m]のとき
表面の電界の強さは

$$E=\frac{Qh}{2\pi\varepsilon_0 (r^2+h^2)^{\frac{3}{2}}}$$
$$=6.4\times10^{6}\ [\mathrm{V/m}]$$

表面電荷密度は

$$\sigma=\varepsilon_0 E$$
$$=5.6\times10^{-5}\ [\mathrm{C/m^2}]$$

と求まる。

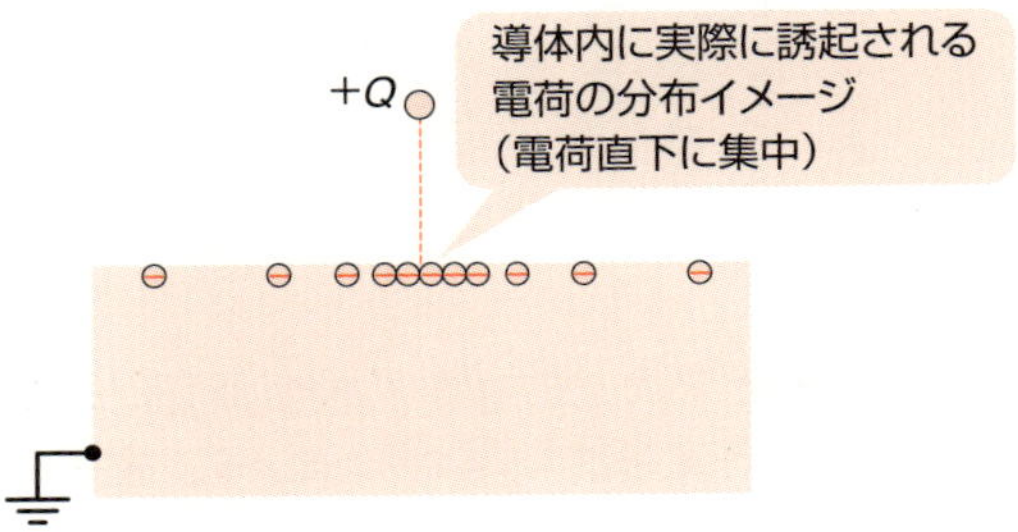

30 誘電体内では電界が弱まる

誘電体内で何が起きるか

特に断りなく進めて来ましたが、実はここまで真空状態を前提にしていました（だから真空の誘電率ε_0が使われていたのです）。ここでは、真空でない場合の変化を考えます。「真空でない」とは「空間に原子や分子が存在する」ことを意味します。原子等は電荷を有する陽子や電子を持つので、電界の影響を受けます。そのリアクションは物質内に自由電子が存在するか否かによって劇的に異なります。自由電子とは原子核による束縛を逃れ、物質内で自由な場所に存在できる電子です。金属等には自由電子があり、これが電荷を運ぶことで導電性が示されます。逆に自由電子がなく導電性を示さない物体は、絶縁体または誘電体と呼ばれます。

導電体を外部電界下に置くと、自由電子は電界から力を受けて物体内で電界と逆方向に偏って安定し、外部電界とは逆方向の内部電界を形成します。自由電子の偏在により物質内部に発生する内部電界と外部電界とが釣り合うよう偏在が落ち着き、結果的に導体内の電界は常にゼロになります。

誘電体を外部電界下に置いたときは、自由電子がないので何も起きないのでしょうか? 実は原子や分子内で正負電荷のわずかな偏在が起きることによって、外部電界と逆向きの弱い内部電界を発生します。

自由電子ほど大きな偏在はできませんので、外部電界を完全に打ち消すほどではありませんが、物体内部の電界は弱くなります。

真空の誘電率はε_0で表されますが、一般の場合の誘電率はεで表します。物質固有の性質は物質ごとに異なる比誘電率ε_sの値で表すことになっており、$\varepsilon=\varepsilon_0\varepsilon_s$です。ちなみに、空気の比誘電率1.00059（大気圧下）は1にごく近いので、空気中の電界は真空中と実はほぼ同じです。

要点BOX

- ●物質内に自由電子ありが導電体、なしが誘電体
- ●物質の誘電率$\varepsilon=\varepsilon_0\varepsilon_s$（$\varepsilon_s$: 物質の比誘電率）

外部電界を加えたときの物体内部の挙動の概念的モデル

※本図は導電体と誘電体の違いをあくまで概念的に示すもので、
電子の挙動等を正確に表すものではありません。

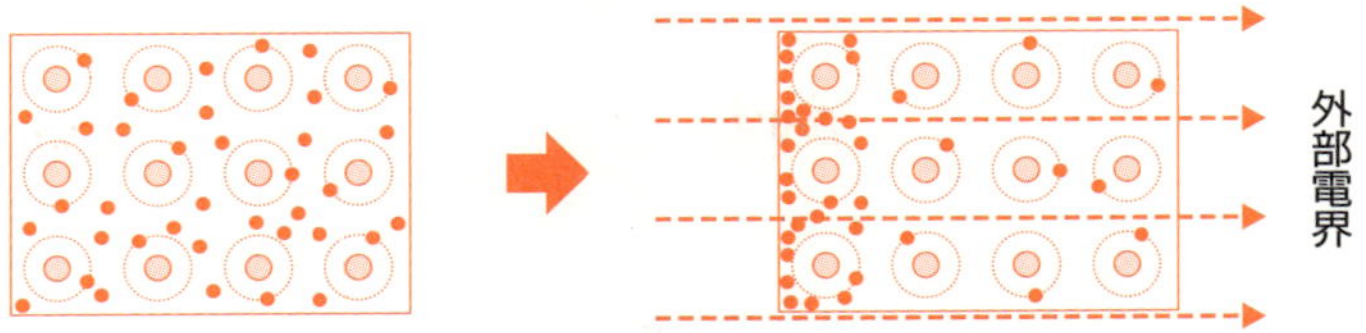

導電体（自由電子あり）

自由電子が大きく移動し
外部電界をゼロに打ち消す

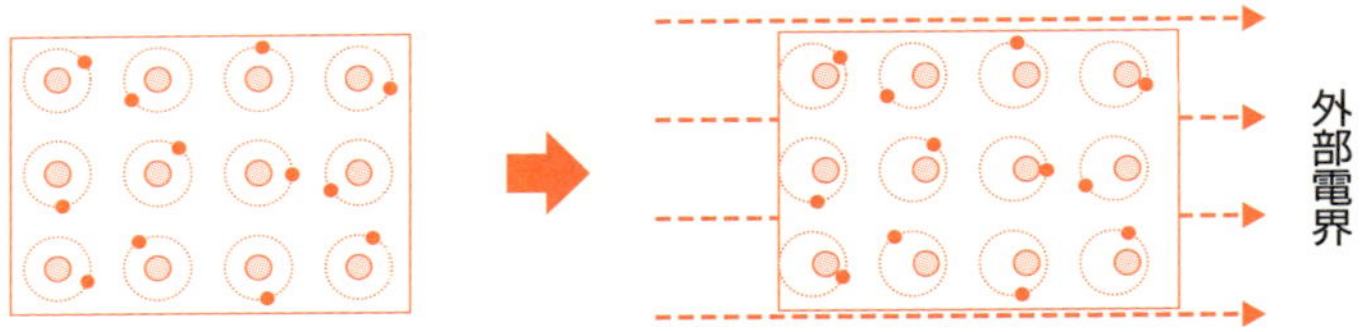

誘電体（自由電子なし）

正負電荷がわずかに偏在し
外部電界を少し弱める
（本図では電子軌道の偏り）

外部電界下での物体内電荷の挙動（真空と誘電体と導体の比較）

説明 ＼ 物質等	電荷の状態	電荷の自由度	外部電界を加えたときの電荷の動き	外部電界を加えたときの内部電界
真空	電荷なし	なし	なし	外部電界と同じ
誘電体	自由電子なし	電荷は原子・分子近傍に束縛されている	正負電荷のわずかな偏在が起こる	内部電界は $\frac{1}{\varepsilon_s}$ に弱くなる
導体	自由電子あり	物質内を自由に移動できる電荷がある	電荷は自由に再配置	内部電界はゼロ

色々な物質の比誘電率

物質等	比誘電率 ε_s	備考
真空	1	真空は比誘電率1
空気	1.00059	大気圧中の値
水	80	室温にて
ポリエチレン	2.2	プラスチック類の典型例
チタン酸バリウム	10^4	強誘電体（コンデンサの材料）

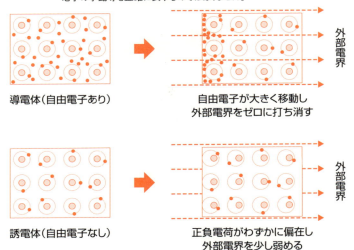

31 誘電体の分極現象が電界を弱める

双極子モーメントと分極

電界を加えられた誘電体内で何が起こるか考えてみましょう。電界中に置かれた誘電体内では電界の影響で、例えば原子内あるいは分子内で正負電荷が偏って存在する結果となり、結果として原子や分子単位に正電荷と負電荷が対になって現れることになります。このような現象を分極と呼び、分極状態は同じ電荷量 Q の正電荷と負電荷がある距離 L だけ離れて存在する上図のようなモデルで抽象化して表すことができます。このモデルは双極子と呼ばれ、分極の強さと向きを双極子モーメント $\boldsymbol{p}$ というベクトルで表すことができます。

双極子モーメント $\boldsymbol{p}$ の大きさ p は $p=QL$[Cm]、双極子モーメント $\boldsymbol{p}$ の方向は正負電荷をつなぐ直線方向です。電荷が大きいほど $\boldsymbol{p}$ が大きいのはもちろんとして、正負電荷の距離が大きいほど $\boldsymbol{p}$ が大きくなるのは、正負電荷が大きく離れるほど、分極の影響が大きいことを示します。これは力学上のモーメントを、腕の両端に加える力と腕の長さの積で表すのに似ており、それで双極子モーメントという名前がついています。力学モーメントにおいて腕の長さが長いほど回転モーメントが大きくなるのと同じく、双極子モーメントでも正負電荷ペアの距離が長いほどモーメントは大きくなります。

原子や分子単位での分極の表現方法がわかったので、次に体積単位での分極効果の表現方法について考えます。双極子が物質内に密度高く存在するほど分極の影響は大きくなりますので、双極子の存在密度を n [1/m^3] とすれば、分極の効果をベクトル $\boldsymbol{P}$ で表記すると $\boldsymbol{P}=n\boldsymbol{p}$ で、ここでの単位は [1/m^3][Cm] = [C/m^2] となります。

分子内等での正負電荷偏在が作る双極子の整列による分極現象は、双極子の正負電荷間の距離が長く、双極子が高密度なほど電界を弱める効果が大きいのです。

要点BOX

- ●電界の加わった物質の内部では分極が起こる
- ●双極子モーメント p は分極の微細要素を表す
- ●分極ベクトル $P=np$（n は双極子の存在密度）

分極現象を双極子モーメントで表す

双極子モーメント$\boldsymbol{p}$の大きさpは $p = QL$ [Cm]

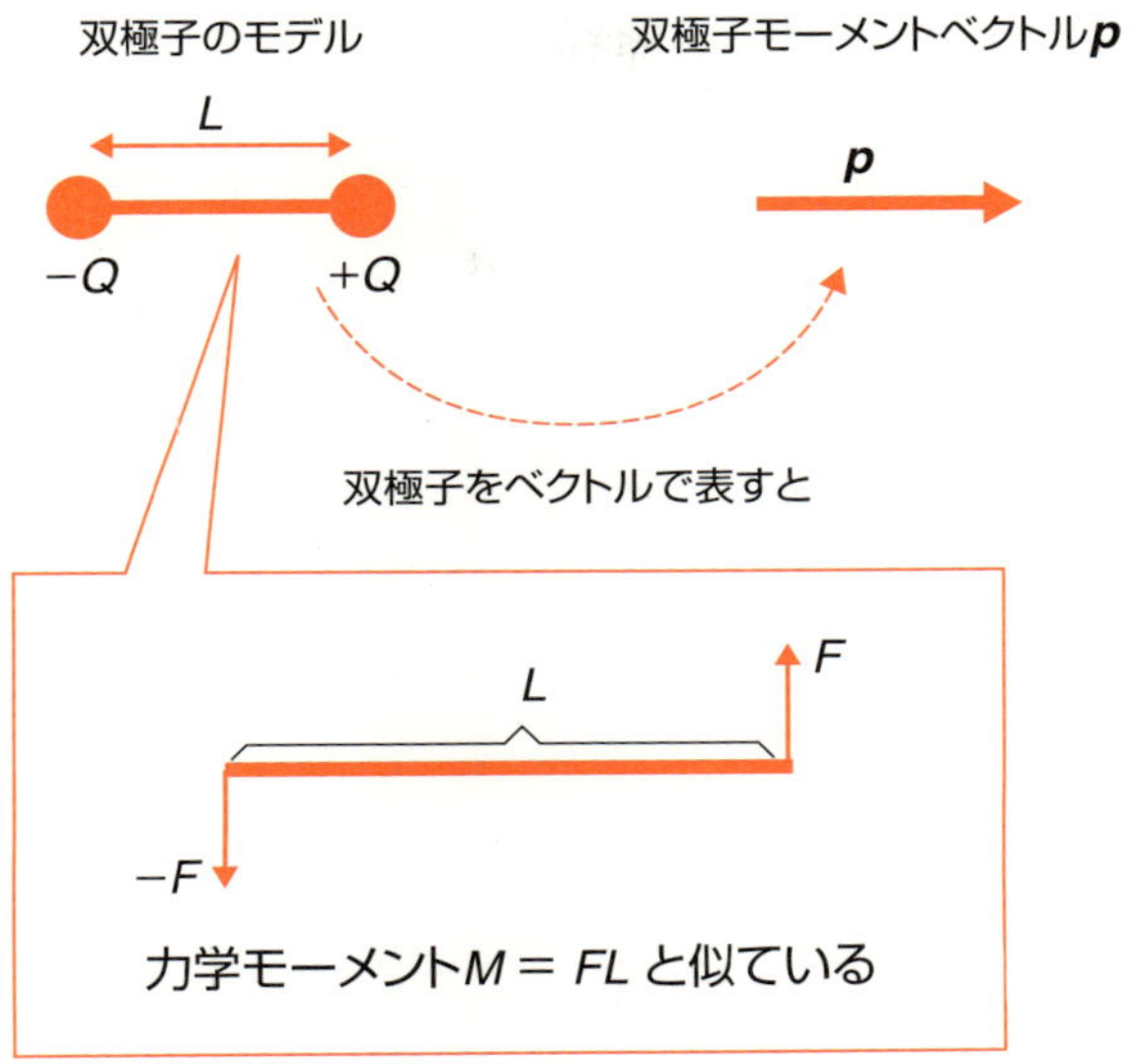

分極ベクトル

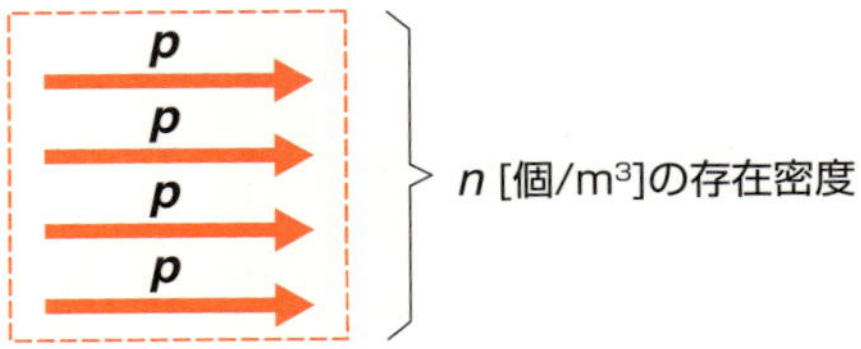

物質内に双極子がn [個/m^3] の密度で存在するとき、
分極の効果はベクトル $\boldsymbol{P} = n\boldsymbol{p}$で表される

32 物質内でも不変な指標「電束密度」

電束線は物質に入っても変化しない

誘電体中では分極により電界が弱められることがわかりました。ここでは分極現象の影響を受けない指標として電束密度$\boldsymbol{D}$を紹介します。

電荷Qから［Q/ε］本発出するのが電気力線、その力線密度が電界の大きさEです。電荷Qから誘電率によらずQ本出発する力線を電束、その密度を電束密度Dと定義します。電束密度Dは誘電率ε_sの物質内で電界Eと次の関係になります。

$$D=\varepsilon_0\varepsilon_s E\ [\mathrm{C/m^2}]$$

単位は［$\mathrm{C/m^2}$］です。電束密度はベクトル量で、方向は電界ベクトル$\boldsymbol{E}$と同じですのでベクトルとしては電界と次式の関係になります。

$$\boldsymbol{D}=\varepsilon_0\varepsilon_s\boldsymbol{E}$$

このように定義された電束$\boldsymbol{D}$は、真空中でも誘電体中でも不変です。これに対し電界$\boldsymbol{E}$は真空中と誘電体中とでは大きさが変化します。電界を表示する電気力線は真空中に比べて誘電体内では力線密度が低下しますが、電束を表示する電束線は誘電体中でも密度が不変です。電束密度$\boldsymbol{D}$の単位は［$\mathrm{C/m^2}$］で、31項で紹介した分極$\boldsymbol{P}$の単位と同じなので、電束密度と分極$\boldsymbol{P}$は同列に扱えることがわかります。このとき、電束密度$\boldsymbol{D}$の源となる実在電荷を「真電荷」、分極$\boldsymbol{P}$を生じさせる見かけ上の電荷を「分極電荷」と呼んで区別します。

物質内の電界$\boldsymbol{E}$は電束密度$\boldsymbol{D}$と分極$\boldsymbol{P}$の差し引き計算により次式で表されます。

$$\boldsymbol{E}=(\boldsymbol{D}-\boldsymbol{P})/\varepsilon_0$$

この式は、誘電体内では電束密度$\boldsymbol{D}$と分極$\boldsymbol{P}$との差し引きが電界の大きさを決めることを表しています。誘電体内部での電界は、真空中に真電荷と分極電荷が存在するモデルで考えることができます。真電荷による電界D/ε_0を分極電荷による逆電界P/ε_0が打ち消して弱めた結果として、分極のない真空の場合に比べて電界が$1/\varepsilon_s$に弱められます。

要点BOX

- 電束密度ベクトル$\boldsymbol{D}=\varepsilon_0\varepsilon_s\boldsymbol{E}$
- 電気力線は物質の誘電率に依存して本数変化
- 電束線は物質の誘電率に依存せず本数一定

電気力線と電束の違い

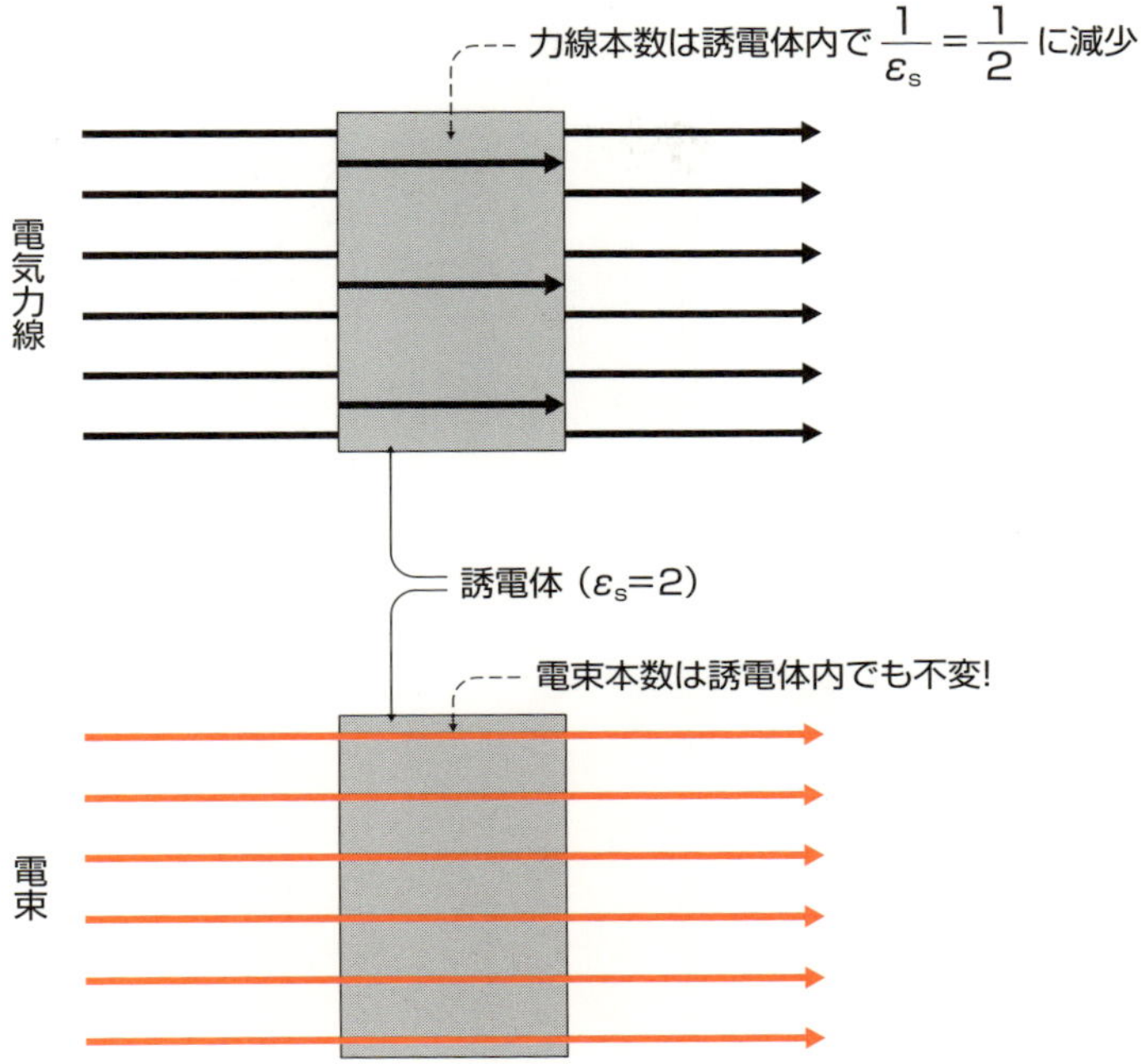

誘電体内での電界

誘電体内の電界は
電束***D***を分極***P***が少し打ち消して

$$\boldsymbol{E}=\frac{\boldsymbol{D}-\boldsymbol{P}}{\varepsilon_0}$$

$$=\frac{\left(\frac{\boldsymbol{D}}{\varepsilon_0}\right)}{\varepsilon_s}$$ ←真空の場合の $\frac{1}{\varepsilon_s}$

に弱められる。

33 比誘電率ですべて片付く

誘電体内における各種法則

コンデンサを例にして、真空中と誘電体中で何がどう変わるかを見てみましょう。真空中において平行平板電極の両電極に$+\sigma$[C/m^2]と$-\sigma$[C/m^2]の電荷密度で電荷が存在する場合の極板間の電界をE_0、電圧をV_0と書くと、25項で求めたとおり

$E_0=\sigma/\varepsilon_0,\ V_0=E_0d=(\sigma/\varepsilon_0)d$（$\varepsilon_0$は真空の誘電率）

となります。

この極板間を比誘電率がε_sの誘電体で満たした場合、極板間の電界と電圧はどうなるでしょう？極板間に存在する誘電体に電界が加わると、32項で説明したように誘電体内部で分極が起こって電界を少し打ち消し、結果的に電界は$1/\varepsilon_s$に弱められます。誘電体で満たした極板間の電圧をE_1、電圧をV_1と書くと、

$E_1=E_0/\varepsilon_s=\sigma/(\varepsilon_0\varepsilon_s)$

$V_1=V_0/\varepsilon_s=\{\sigma/(\varepsilon_0\varepsilon_s)\}d$

となります。つまり真空の場合の式でε_0と書かれていた箇所を$\varepsilon_0\varepsilon_s$で置き換えたのが比誘電率$\varepsilon_s$の誘電体における式になります。

一般に、誘電体の中での電界や電圧等を求めるには、コンデンサの場合に限らず、すべて真空中での式のε_0を$\varepsilon_0\varepsilon_s$で置き換えるだけで良いのです。誘電体における分極という複雑な現象も、単に比誘電率ε_sの値に背負わせてしまえば良いので、誘電体内部の各種計算はとても簡単です。

真空の誘電率ε_0を用いてこれまで各種の公式を紹介してきましたが、これらの式を、一般の誘電率εを用いて書き直せば、真空中であろうが誘電体中であろうが通用する式になります。$\varepsilon=\varepsilon_0\varepsilon_s$ですので、今まで紹介してきた式において$\varepsilon_0$の代わりに$\varepsilon_0\varepsilon_s$が入ることになって誘電体の比誘電率$\varepsilon_s$の効果が反映される結果となります。

要点BOX

- 誘電体内での電界は真空中の$1/\varepsilon_s$になる
- 真空中の各公式のε_0を$\varepsilon_0\varepsilon_s$で置き換えれば誘電体中の式となる

極板間の電界と電圧

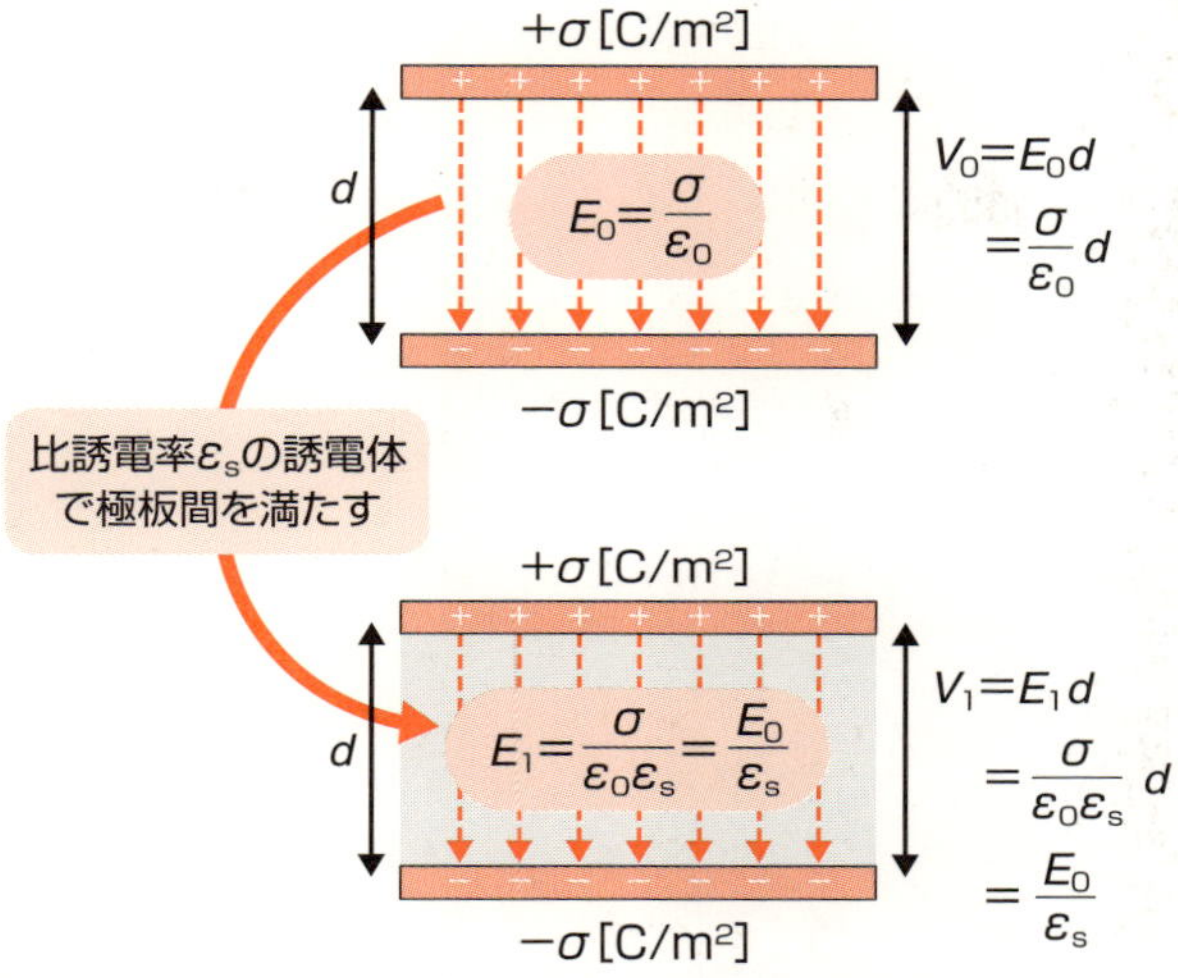

コンデンサの極板間を誘電体で満たすと
容量が増加し、電界も電圧も低下

真空中と誘電体中の各種法則

項目	真空中($\varepsilon=\varepsilon_0$)	誘電体中($\varepsilon=\varepsilon_0\varepsilon_s$)
クーロンの法則	$F=\dfrac{Q_1\ Q_2}{4\pi\varepsilon_0 r^2}$	$F=\dfrac{Q_1\ Q_2}{4\pi\varepsilon_0\varepsilon_s r^2}$
ガウスの法則（積分形）	$\oint_s E_n\,ds=\dfrac{Q}{\varepsilon_0}$	$\oint_s E_n\,ds=\dfrac{Q}{\varepsilon_0\varepsilon_s}$
ガウスの法則（微分形）	$\mathrm{div}\,\boldsymbol{E}=\dfrac{\rho}{\varepsilon_0}$	$\mathrm{div}\,\boldsymbol{E}=\dfrac{\rho}{\varepsilon_0\varepsilon_s}$
ポアッソンの方程式	$\dfrac{\partial^2 V}{\partial x^2}+\dfrac{\partial^2 V}{\partial y^2}+\dfrac{\partial^2 V}{\partial z^2}=-\dfrac{\rho}{\varepsilon_0}$	$\dfrac{\partial^2 V}{\partial x^2}+\dfrac{\partial^2 V}{\partial y^2}+\dfrac{\partial^2 V}{\partial z^2}=-\dfrac{\rho}{\varepsilon_0\varepsilon_s}$
極板の面積S,距離dの平行板コンデンサの容量C	$C=\dfrac{\varepsilon_0 S}{d}$	$C=\dfrac{\varepsilon_0\varepsilon_s S}{d}$

Column

努力家ファラデーの業績と人望

電気容量の単位ファラッド[F]は物理学者ファラデー（1791～1867年 英国）の名に因んでいます。家が貧しかったファラデーは早くも13才で製本書籍業者に働きに出され、高等教育を受けることができませんでしたが、本を扱う環境も生かして独学に励み、ついにイギリス王立研究所の助手に採用されました。水を得たファラデーは研究に没頭し優れた成果を次々に上げていきました。その成果は電磁誘導を定式化した「ファラデーの法則」の他、光と磁気との関係として今も実用計測等に活用されている「ファラデー効果」や、放電管の陰極近傍の暗黒部である「ファラデー暗部」にその名を残しています。

ファラデーは偉大な科学者であると同時に、気さくな人柄で親しまれ話し上手でもありました。金曜講演やクリスマス休暇の少年少女向けのクリスマスレクチャー（1827年から1860年まで19回実施）により科学教育への高い熱意が象徴され、クリスマスレクチャーを元にまとめた「ロウソクの科学」（1861年出版）は科学の面白さを伝える名著として今も世界中で愛読されています。

ファラデーの肖像と電磁スパーク装置を使った講演中の様子がイギリスの紙幣にも用いられています（1991～2001年に流通）。貧しかったファラデーもついにはお札になることができたというわけです。

第5章

電流が流れると磁界ができる

34 電流と抵抗

オームの法則

これまで静電界として電荷が静止している場合の話を進めて来ましたが、ここでは電荷が一定の速度で定常的に動いている場合、すなわち電流が存在する場合について考えます。電流は次に学ぶ磁気現象の源ともなる重要な概念です。導体の両端に電位差を加えると導体内に生じた電界により自由電子が力を受けて導体内を動きます。これが電流です。

電流の方向は正電荷が動く向きと決められています。電流の大きさはA（Ampere：アンペア）で表すことになっており、1［A］の電流は1秒間に1［C］の電荷を運びます。

導体両端の電位差すなわち電圧Vと導体を流れる電流Iとは比例関係が成り立ち、「電圧/電流」の比V/Iは一定値になります。この一定値を抵抗Rと呼び、$V/I=R$となります。Vに関して書けば$V=IR$となります。これがオームの法則と呼ばれる式で、抵抗Rの単位は[V/A]ですが、通常は発見者の名を冠した専用の単位Ω（オーム）を使います。

図のように長さL、断面積Sの円柱状導体において、抵抗Rは長さLに比例し断面積Sに反比例します。すなわちRは(L/S)に比例します。その比例定数を体積抵抗率ρ（ロー：ギリシャ文字）と呼び、$R=\rho L/S$の関係になります。体積抵抗率ρの単位は[Ω・m]で、物質ごとに固有の値です。

抵抗のRの逆数（$1/R$）をコンダクタンス（conductance）と呼び、抵抗とは逆に電流の流れやすさを示す指標（単位は［S（ジーメンス）］）として使います。また体積抵抗率ρの逆数（$1/\rho$）を導電率と呼び、単位$(\Omega\cdot m)^{-1}$で表します。

オームの法則を電流Iについて書いた$I=V/R$に$R=\rho(L/S)$を代入すると$I=(SV)/(\rho L)$となり、両辺を断面積Sで割ると$I/S=V/(\rho L)$となります。このI/Sを電流密度と呼び、単位は$[A/m^2]$です。電流密度$J=I/S$は磁場の源となる指標です。

要点BOX

- $V=IR$：オームの法則
- 断面積S、長さL、導電率ρの円柱の抵抗$R=(\rho L)/S$

電流の発生

導体の両端に電位差を加える

↓

電界により導体内の自由電子に力が加わる

↓

導体内に自由電子の流れ(電流)が発生

円柱状導体の抵抗と電流

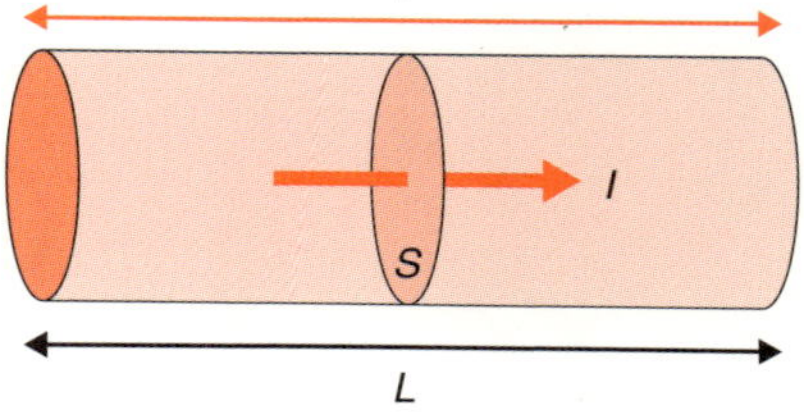

断面積S、長さL、導電率ρの
円柱状導体において
抵抗$R=(\rho L)/S$
電流密度$J=I/S$

導体の長さと断面積は抵抗にどう影響?

長さL増加 ──→ 抵抗R増加

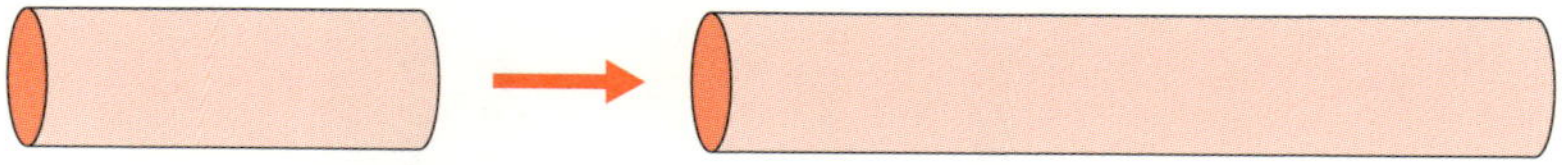

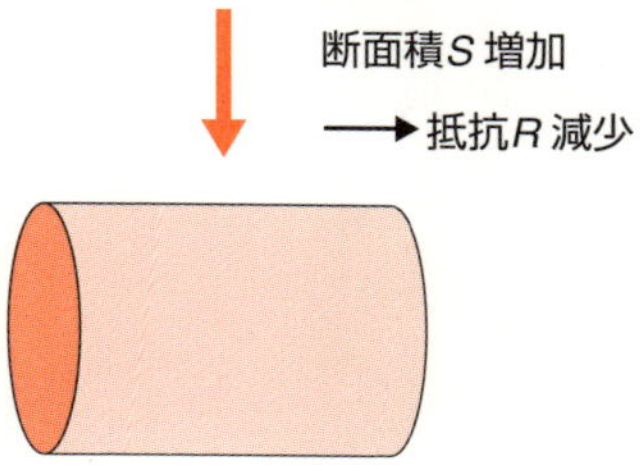

35 回路計算の基本

キルヒホッフの法則

キルヒホッフの法則は中学か高校の理科で教わった方が多いのではないかと思いますが、電流の話の続きとして、一応復習しておきましょう。キルヒホッフの法則は回路を流れる電流等を簡単に求めるテクニックとして便利です。

この法則では2つの要素を想定します。起電力（電池や発電機）と逆起電力（抵抗）です。起電力の要素を通過すると電圧上昇が起こり、逆起電力の要素を通過すると電圧降下が起こります。逆起電力要素の抵抗 R は抵抗を通過する電流 I に対してオームの法則により $V=IR$ の電圧降下を起こします。

この法則は2つの単純な法則から成り立ちます。

1. 節点に流れ込む電流の総和はゼロ（連続の法則）
2. 閉じた経路の起電力と逆起電力の総和はゼロ

この2つを回路上に適用して電流等を求めます。

この法則を使うには、回路中で一周できる経路を複数見つけて、各々の経路を一周したときの起電力と逆起電力の総計＝0との計算式（第2法則）を書き出します。未知の電流値の数と同じ数の計算式を連立して解けば、未知の電流値が算出できます。

実は、もっと実用的な計算方法として「ループ電流」を使う手法があります。例えば、回路中で異なる電流値が想定される3つの箇所に電流 I_1, I_2, I_3 を割り当てる代わりに、回路中に2つのループ電流 I_a, I_b を割り当てる手法です。変数が少ないループ電流系の方が計算は楽になります。この場合、回路の1つの部分に2本のループ電流が相乗りします。

図において抵抗 R_2 に流れる電流は I_1, I_2, I_3 系で表せば I_2 ですが、ループ電流 I_a、I_b 系で表せば（I_a-I_b）となります。この際、第1法則を未利用に見えますが、実はループ電流で考える時点で第1法則（連続性）は自動的に満たされています。

要点BOX

- ●回路中の連結箇所に流れ込む電流の総和は0
- ●任意の周回路の起電力と逆起電力の総和は0

キルヒホッフの法則

①要素は2種類

・電池や発電機は起電力要素
・抵抗は逆起電力要素

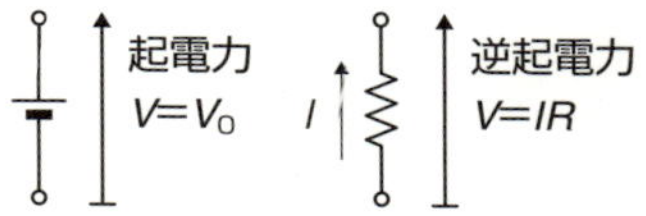

(a)電源　(b)抵抗

②準備

各部分の電流値I_1, I_2, I_3を仮定する

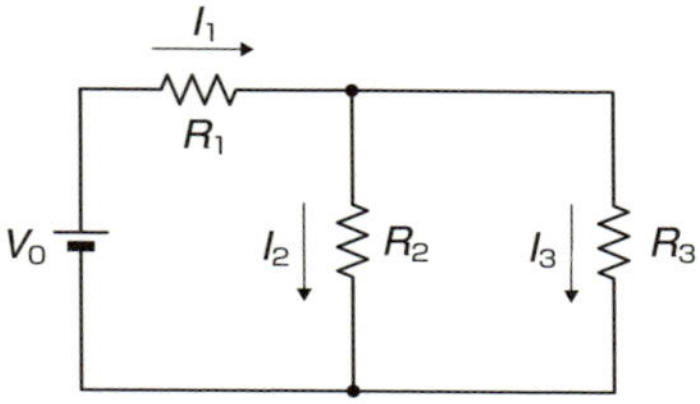

③実用的な解法

ループ電流I_a, I_bを仮定する

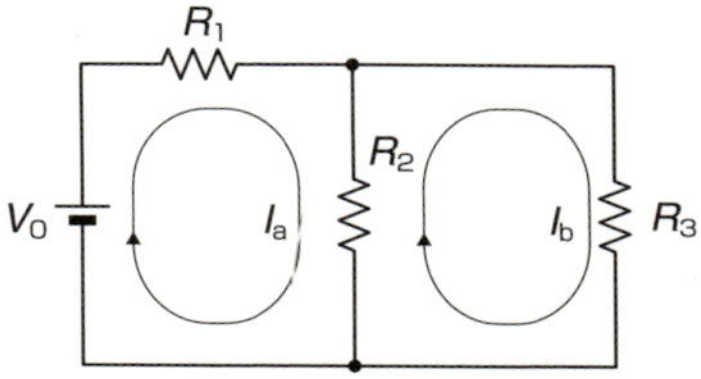

第1法則

節点に流れ込む電流の
総和はゼロ(連続の法則)

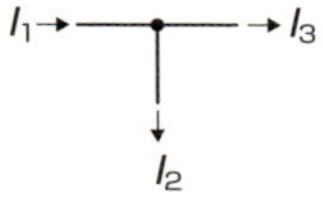

$$I_1-I_2-I_3=0$$

第2法則

閉じた経路について
起電力と逆起電力の総和はゼロ

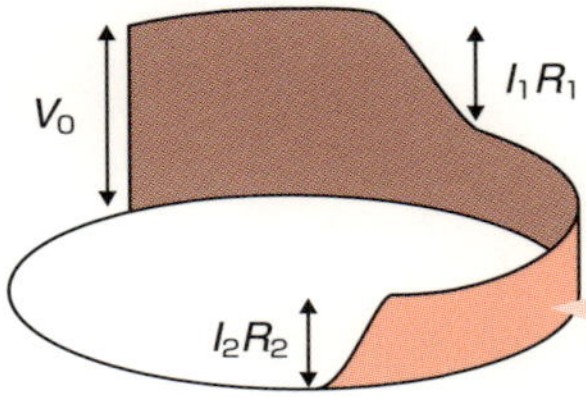

丸い壁の高さを電位に見立てると、電池でゼロからV_0に高められた電位は抵抗R_1でI_1R_1だけ減少、抵抗R_2でI_2R_2だけ減少し、結局一回りした地点でゼロに戻る

$$V_0-I_1R_1-I_2R_2=0$$

36 キルヒホッフの法則で電流を求める

ループ電流で考える

キルヒホッフの法則を用いた回路計算をやってみましょう。図のように起電力（例えば電池）V_0、抵抗R_1、R_2、R_3から成る回路において、R_1、R_2、R_3各々を流れる電流I_1、I_2、I_3を求めることを課題とします。この回路にはループ状になっている部分が外周1周のループも含めると3カ所ありますが、そのうち2つのループを選んで、各々のループを流れる電流をI_a、I_bといずれも時計回りに設定します。このときR_2にとってはI_aとI_bの両方のループ電流の合計が流れていて、しかもI_aとI_bはR_2から見ると逆方向の電流であることに注意しなければなりません。

第2法則により、閉じた経路について起電力と逆起電力の総和はゼロなので

左のループにおいて $V_0-I_aR_1-(I_a-I_b)R_2=0$…①

右のループにおいて $I_bR_3-(I_b-I_a)R_2=0$…②

未知数がI_aとI_bの2つで、式が2つあるので①式、②式を連立して解けばI_aとI_bが求まるはずです。

I_aとI_bが求まったら、最終的に求めたいI_1、I_2、I_3は$I_1=I_a$, $I_2=I_a-I_b$, $I_3=I_b$の関係から算出できます。念のため第1法則について確認してみましょう。例えば回路中の節点1の三叉路についての電流の出入りを計算すると$\{I_a+(I_a-I_b)-I_b\}$ですが、これは元々ゼロです。ループ電流で考える時点で、第1法則を満足する電流値を仮定したことになっていることが確かめられましたね。

具体的な数値を与えて計算してみましょう。例えば、$V_0=200$[V], $R_1=2$[Ω], $R_2=10$[Ω], $R_3=15$[Ω]のとき、

①式 $200-2I_a-10(I_a-I_b)=0$（左のループに関して）

②式 $15I_b-10(I_b-I_a)=0$（右のループに関して）

①式と②式を連立して解くと、$I_a=25$[A], $I_b=10$[A]と求まります。

ここで改めて$I_1=I_a$, $I_2=I_a-I_b$, $I_3=I_b$より、$I_1=25$[A], $I_2=15$[A], $I_3=10$[A]と求まります。

要点BOX

- ●ループ電流は第1法則を自動的に満たす
- ●ループ電流が相乗りになる部分に注意

キルヒホッフの法則を用いた回路計算

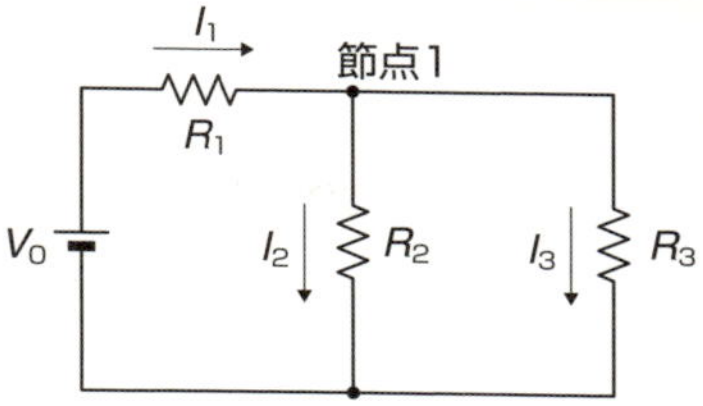

課題

電流値I_1, I_2, I_3を求めたい。

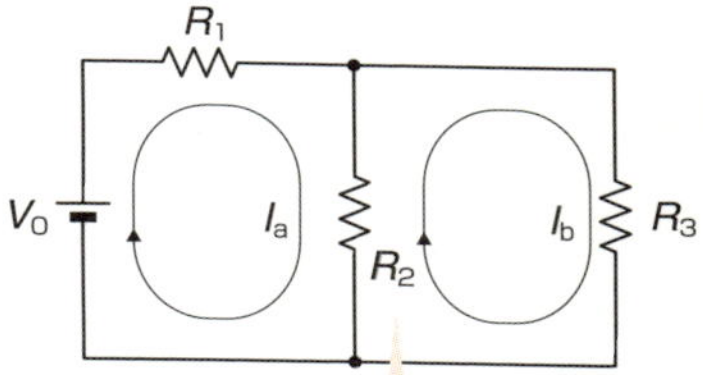

ループ電流を用いた解法

閉じた経路について起電力と
逆起電力の総和はゼロなので

左のループにおいて$V_0-I_aR_1-(I_a-I_b)R_2=0$…①

右のループにおいて$I_bR_3-(I_b-I_a)R_2=0$…②

未知数I_aとI_bの2つに対し、式が2つあるので、
①, ②式を連立して解けばI_aとI_bが求まる。

R_2にはI_a, I_bが逆向きに流れていることに注意!
R_2による逆起電力は

I_aループ向きには$-(I_a-I_b)R_2$

I_bループ向きには$-(I_b-I_a)R_2$

37 電流は磁界の発生源

磁界を求めるアンペアの法則

電荷の周囲には電界が発生しますが、電流の周囲には磁界が発生します。電流と磁界との間にはアンペア周回積分の法則 $\oint_C \boldsymbol{H}\cdot d\boldsymbol{L}=I$ が成り立ちます。この式は「任意の閉じた経路Cに沿って磁界$\boldsymbol{H}$を1周積分した値はその経路が囲む電流Iに等しい」ことを表しています。$\boldsymbol{H}$とIの方向は右ねじの法則（図を参照）に従います。

輪ゴムを細い金属棒に通したような状況を想像してみて下さい。輪投げの輪がうまく棒にかかったような状況です。金属棒に電流を流したとき、この輪ゴムは金属棒中の電流Iを囲む閉じた経路になっています。この閉じた経路Cに沿って経路上の磁界$\boldsymbol{H}$を1周積分した値は経路の囲む電流Iに等しくなるというのがアンペア周回積分の法則の表す内容です。$d\boldsymbol{L}$は曲線経路を短い折れ線の連続で近似する際の微小ベクトルです。磁界$\boldsymbol{H}$と微小ベクトル$d\boldsymbol{L}$とは方向が異なるのが普通ですので、そのなす角を場所により異なる角度θで表せばベクトルの内積$\boldsymbol{H}\cdot d\boldsymbol{L}=H\,dL\cos\theta$の関係があります。閉じた経路は円でなくてもよく、切れてないリング状でさえあれば、輪ゴムを伸ばしたり変形させたりしたような経路でもOKです。アンペア周回積分の法則の式を用いると、電流の周囲に生じる磁界の強さを計算できます。磁界の強さは［A/m（アンペア/メートル）］で表されます。

ちなみに磁場に関するアンペアの法則は、電場に関するガウスの法則 $\oint_S E_n ds=Q/\varepsilon_0$ と見た目だけでなく役割も次のように似ています。

［ガウスの式］：電荷を閉曲面で包んでその閉曲面上で電界を積分した結果が包まれた電荷量と対応

［アンペアの式］：電流を閉曲線で囲んでその閉曲線上で磁界を積分した結果が囲まれた電流に対応

電荷は袋で包めますが、電流は袋では包めないので輪で囲む計算式になっています。

要点BOX

- アンペア周回積分の法則：$\oint_C \boldsymbol{H}\cdot d\boldsymbol{L}=I$
- 任意の閉じた経路Cに沿って磁界$\boldsymbol{H}$を一周積分した値＝その経路が囲む電流I

電流と磁界の関係

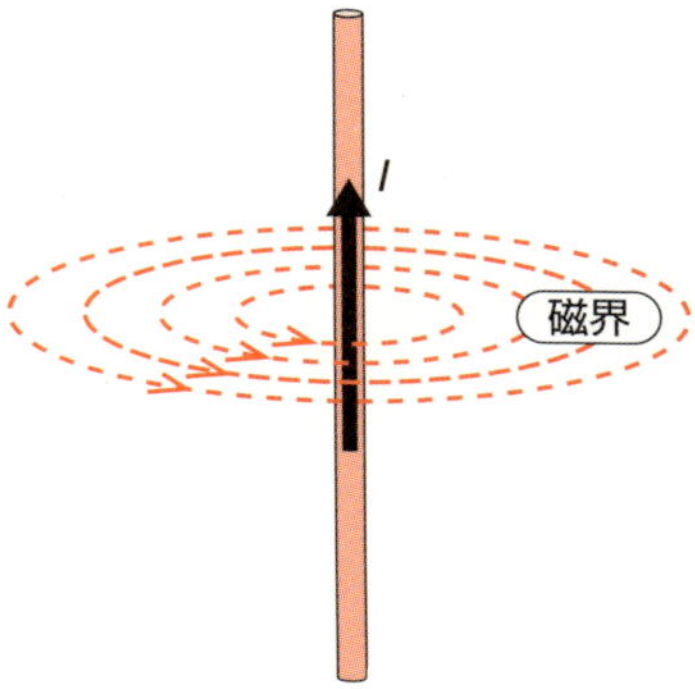

電流は周囲に磁界を作る

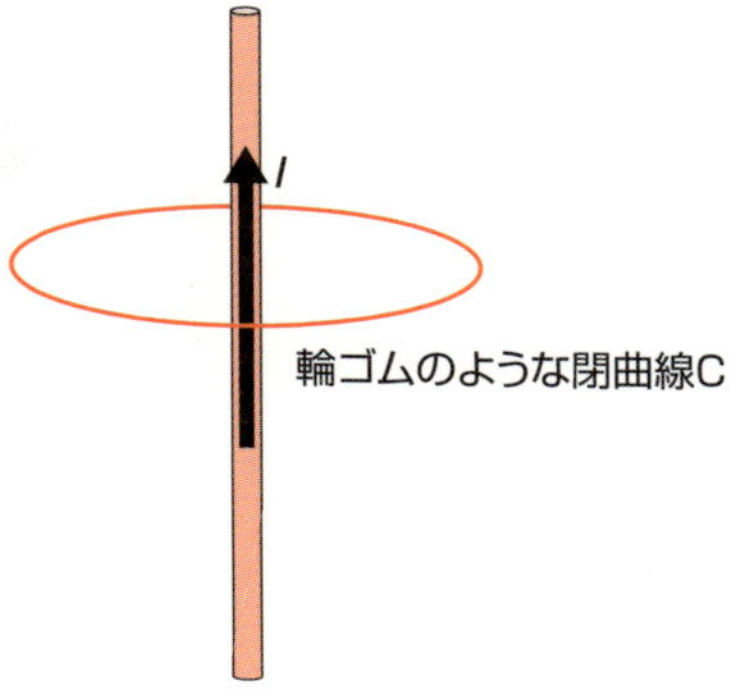

導線を横から見ると

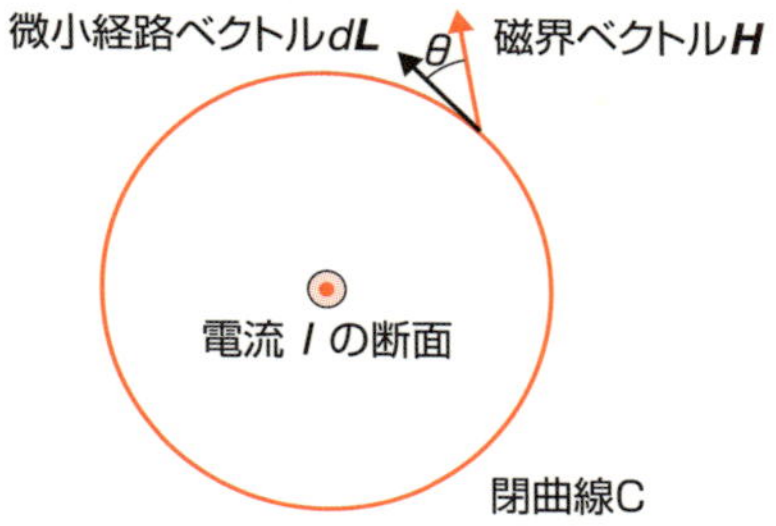

導線を上から見ると

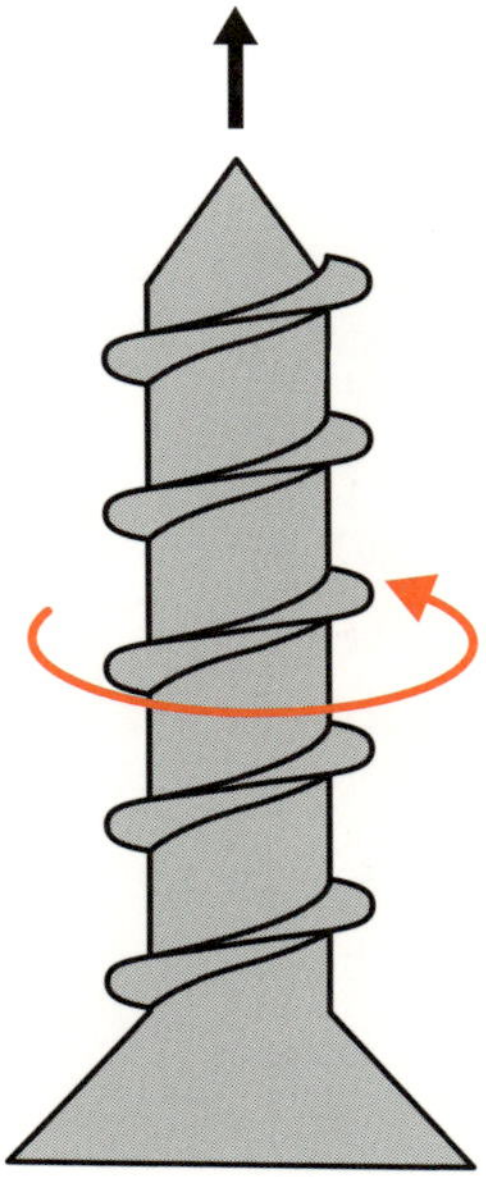

右ねじの法則

磁界*H*の方向に右ねじを回すと、
電流 *I* の方向にねじが進む。

38 円柱導体の内部と外部の磁界（その1）

まず円柱導体外部の磁界を求める

アンペア周回積分の法則 $\oint_C \boldsymbol{H} \cdot d\boldsymbol{L} = I$ を使って、軸方向に電流 I が流れる半径 r_0の円柱導体の周囲の磁界を求めてみましょう。円柱導体の周りには同心円状（軸対称）の磁界ができるので、導体の中心から半径 r の位置での磁界を求めることにします。この際、r と円柱導体の半径 r_0の大小関係に注意する必要があります。$r \leqq r_0$ では導体自身の内部、$r_0 < r$ では導体外部を表すことになります。この2つの場合に分けて磁界を求めてみましょう。

（1）導体外部（$r_0 < r$）の場合

アンペア周回積分の法則 $\oint_C \boldsymbol{H} \cdot d\boldsymbol{L} = I$ において任意の閉じた経路Cとして半径 r の円を用います。

$\boldsymbol{H} \cdot d\boldsymbol{L} = H\,dL\cos\theta$ の式においてθはベクトル $\boldsymbol{H}$ と $d\boldsymbol{L}$ のなす角です。ところで、円柱導体の周囲にできる磁界ベクトル $\boldsymbol{H}$ の方向は円周方向で、一方、導体を中心とする円が経路Cなら、微小経路ベクトル $d\boldsymbol{L}$ の方向はもちろん円周方向なので、円周上のあらゆる点で $\boldsymbol{H}$ と $d\boldsymbol{L}$ は常に同一方向です。すなわち常に$\theta=0$で$\cos\theta=1$ですので $\boldsymbol{H} \cdot d\boldsymbol{L} = H\,dL$ となります。

結局、アンペア周回積分の式は $\oint_C H\,dL = I$ となります。さらに、同心円状の磁界 H は半径一定の位置では一定値ですので、H を定数として積分記号の外に出せて、$\oint_C H\,dL = H\oint_C dL$ となります。ここで $\oint_C dL$ は定数1を半径 r の円に沿って積分することを表しますが、これは半径 r の円の円周長を計算する式で、すなわち $\oint_C dL = 2\pi r$ です。これを元のアンペアの式に代入すると、$H(2\pi r) = I$ となり、$H = I/(2\pi r)$ と求まります。すなわち導体外部において、導体中心から半径 r の位置の磁界 H は $I/(2\pi r)$[A/m]となります。これは$(1/r)$という変数項に定数 $I/(2\pi)$をかけた式の形から双曲線グラフとわかります。円柱外部の磁界は双曲線上を半径とともに減少していきます。

要点BOX

●円柱導体の内部と外部の磁界は別々に求める
●円柱外部の磁界は双曲線上を半径と共に減少

導体外部($r_0<r$)の磁界の求め方

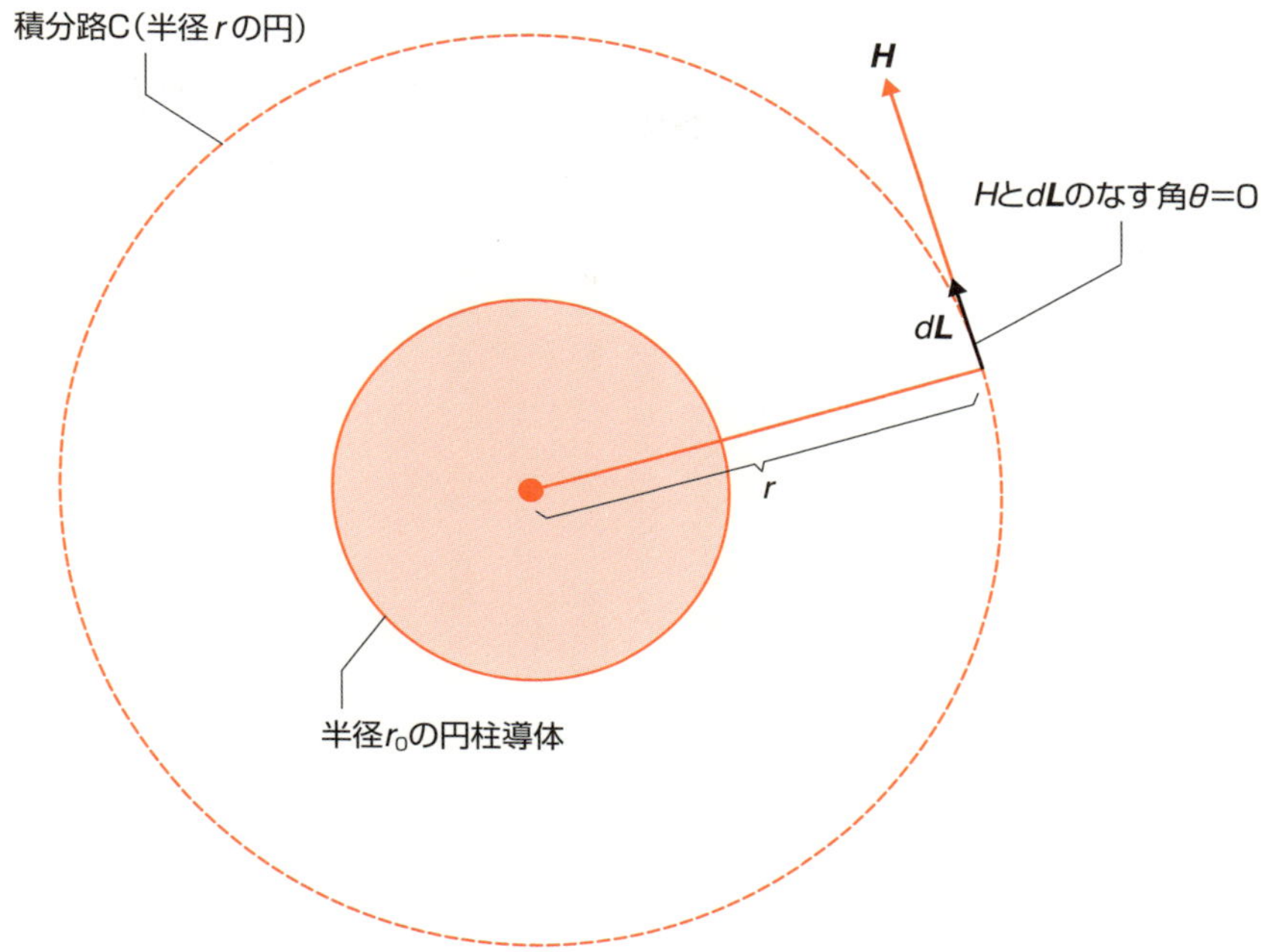

導体外部($r_0<r$)における磁界を求める

アンペアの法則$\oint_c \boldsymbol{H}\cdot d\boldsymbol{L}=I$において

$\boldsymbol{H}$と$d\boldsymbol{L}$のなす角$\theta=0$なので$\cos\theta=1$だから

$\boldsymbol{H}\cdot d\boldsymbol{L}=H\,dL\cos\theta=H\,dL$により

アンペアの法則は結局、

$\oint_c H\,dL=I$と書ける。

磁界Hは半径一定の位置では一定値なので、Hは定数であり

$H\oint_c dL=I$

ここで$\oint_c dL=2\pi r$(半径rの経路Cの円周長)なので

$H(2\pi r)=I$

$\therefore H=\dfrac{I}{2\pi r}$

これは双曲線のグラフとなる。

39 円柱導体の内部と外部の磁界（その2）

導体内部の磁界を計算

38項に続いて、アンペア周回積分の法則を使った円柱導体の周囲の電界を求めます。

（2）導体内部（$r \leqq r_0$）の場合

導体外部の場合と同様に経路Cとして半径rの円を用いることにします。アンペア周回積分の法則$\oint_C \boldsymbol{H} \cdot d\boldsymbol{L} = I$は任意の閉じた経路Cに沿って磁界$\boldsymbol{H}$を1周積分した値は「その経路が囲む電流$I$」に等しいことを表していますが、導体内部で考える場合、経路Cが囲む電流に注意が必要です。

導体内部の電流は導体断面に垂直に、かつ導体断面上で等しい密度で分布しているとします。このとき半径rの円周の内側にも外側にも電流が分布していることになりますが、半径rの円周の内側の電流は導体断面全体を流れる電流Iに断面積比（半径rの円の断面積）/（半径r_0の円の断面積）をかけた値になります。すなわち半径rの円周の内側の電流は$\{(\pi r^2)/(\pi r_0^2)\} I = (r^2/r_0^2) I$となります。

アンペアの式の左辺については導体外部の場合と同様に$\oint_C \boldsymbol{H} \cdot d\boldsymbol{L} = \oint_C H\, dL \cos\theta = H \oint_C dL = H(2\pi r)$ですので、右辺に$(r^2/r_0^2)I$を代入して$H(2\pi r) = (r^2/r_0^2)I$となり、結局次のように求められます。

$$H = \{(r^2/r_0^2)/(2\pi r)\} I = \{r/(2\pi r_0^2)\} I$$

すなわち導体内部において、導体中心から半径rの位置の磁界Hは$\{r/(2\pi r_0^2)\} I$[A/m]となります。導体外部で求めた結果とはだいぶ違う式になりましたね。ここで、横軸を半径rとして磁界の値をグラフにしてみましょう。

[導体内部（$r \leqq r_0$）]…$H = \{I/(2\pi r_0^2)\} r$で、これは傾きが$I/(2\pi r_0^2)$の直線グラフ

[導体外部（$r_0 < r$）]…$H = I/(2\pi r)$で、これは双曲線（38項で求めたとおり）

この2つのグラフを$r = r_0$の位置でつないだものが、求めるグラフとなります。

要点BOX

- 円柱内部の積分路Cが囲む電流はCが囲む面積に比例
- 円柱内部の磁界は半径に比例して増加

導体内部（$r<r_0$）の磁界の求め方

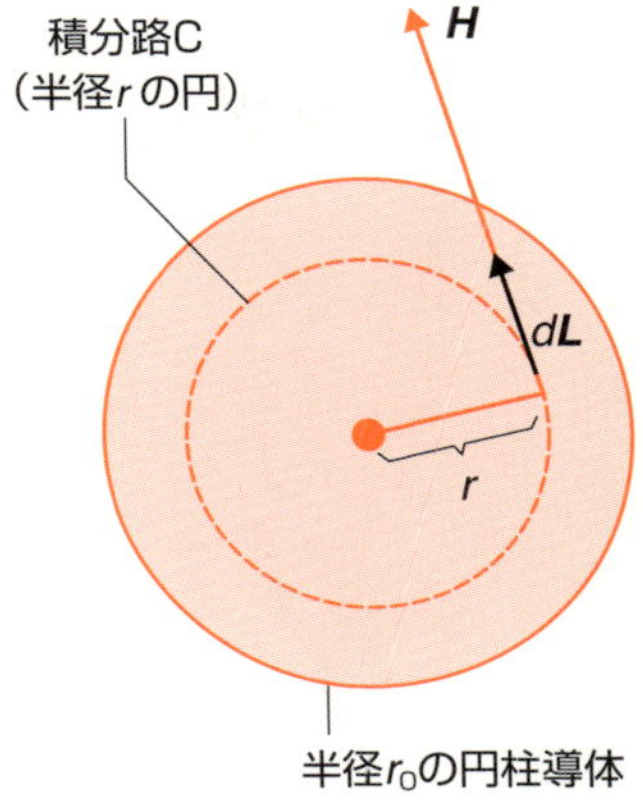

導体内部と外部における磁界Hのグラフ

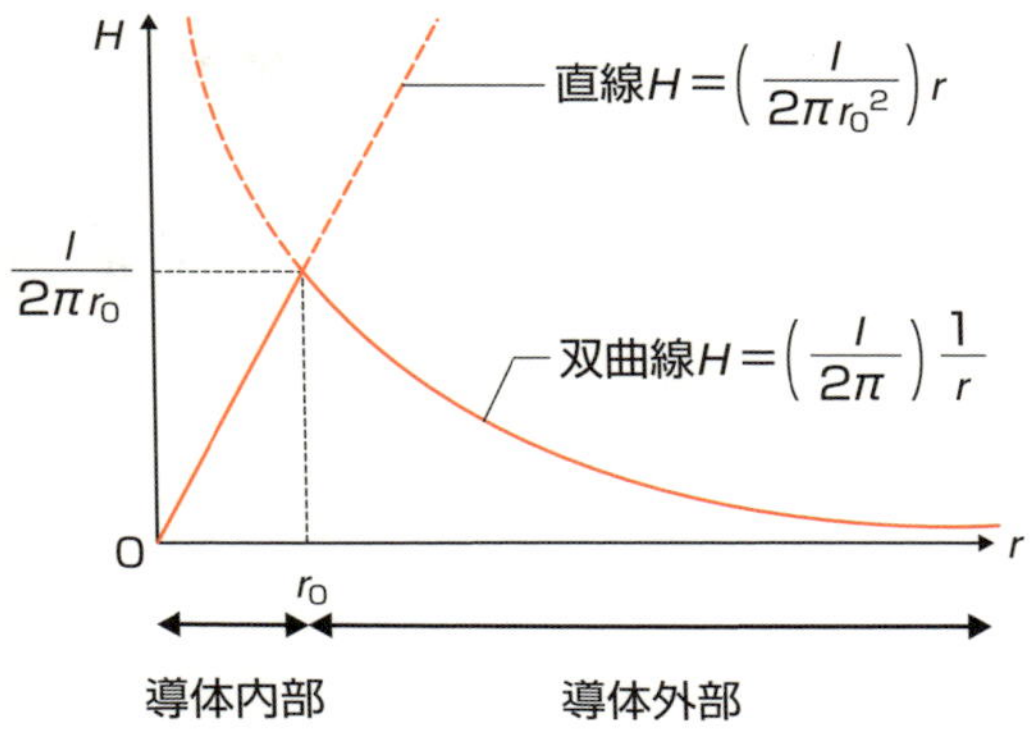

導体内部（$r \leqq r_0$）における磁界を求める

半径rの積分路の内側の電流は経路Cの囲む断面積と導体円柱の断面積比で決まり

$\frac{\pi r^2}{\pi r_0^2} I = \frac{r^2}{r_0^2} I$ となるので、

この場合のアンペアの式は

$$\oint_c \boldsymbol{H}\cdot d\boldsymbol{L} = \frac{r^2}{r_0^2} I$$

ところで、導体外部の場合とまったく同様に

$$\oint_c \boldsymbol{H}\cdot d\boldsymbol{L} = H\oint_c dL\cos\theta = H\oint_c dL = H(2\pi r)$$

よって $H(2\pi r) = \frac{r^2}{r_0^2} I$

$$\therefore H = \frac{\left(\frac{r^2}{r_0^2}\right)}{2\pi r} I = \frac{r}{2\pi r_0^2} I$$

これは傾き $I/(2\pi r_0^2)$ の直線状グラフとなる。

40 磁界の特徴と表現方法

磁界Hと磁束密度B

電界に対して磁界があるように、電荷に対して磁荷があります。＋と－の電荷があるように磁荷にも＋と－があり、＋磁荷は磁石のN極、－磁荷はS極に対応します。電荷の単位はクーロン［C］で、磁荷の単位はウェーバー［Wb］です。このように電荷と磁荷は同様の概念ですが、決定的に違う点があります。＋と－の電荷は各々単独で存在可能ですが、NとSは必ずペアで存在し、N極のみS極のみの磁石は存在できません。棒磁石をN／S極の中間で切断してもN極のみS極のみにはならないのです。これが電荷と磁荷の決定的相違点です。電気現象と磁気現象は似た点も多いのですが、NとSが各々単独で存在できないのは磁気現象の特徴です。

ところで電気の単元で紹介した電束密度Dに対応する概念として磁束密度Bがあります。電気の場を表すのに電界E［V/m］と電束密度D［C/m^2］という2つの指標があるのに対応して、磁気の場にも2つの指標、磁界H［A/m］と磁束密度B［Wb/m^2］があります。電気の世界で電束密度Dは出番が少ないのに対し、磁気の世界では磁束密度Bは頻出します。2つの指標は真空中では各々$D=\varepsilon_0 E$, $B=\mu_0 H$の関係にあり、ε_0は電気現象の定数「真空の誘電率」、μ_0は磁気現象の定数「真空の透磁率」です。これらの指標を電気と磁気の間で対応させた表を左ページに掲載しておきます。

磁束密度Bには重要な性質があります。Bの力線である磁束線には始点も終点もなく、常に閉じたループ状になります。磁束線には湧き出しも吸い込みもないのです。これを式で書くと$\mathrm{div}\,\boldsymbol{B}=0$、すなわち「磁束密度の発散は常に0」です。これは電気力線には湧き出しや吸い込みがあって電界の発散が電荷密度となることを示す$\mathrm{div}\,\boldsymbol{E}=\rho/\varepsilon_0$の式と好対照です。先に述べたN極やS極が単独で存在できないのは、磁束線に湧き出しや吸い込みがないからです。

要点BOX
- $B=\mu_0 H$
- μ_0は真空の透磁率
- $\mathrm{div}\,\boldsymbol{B}=0$

電荷と磁荷の対比

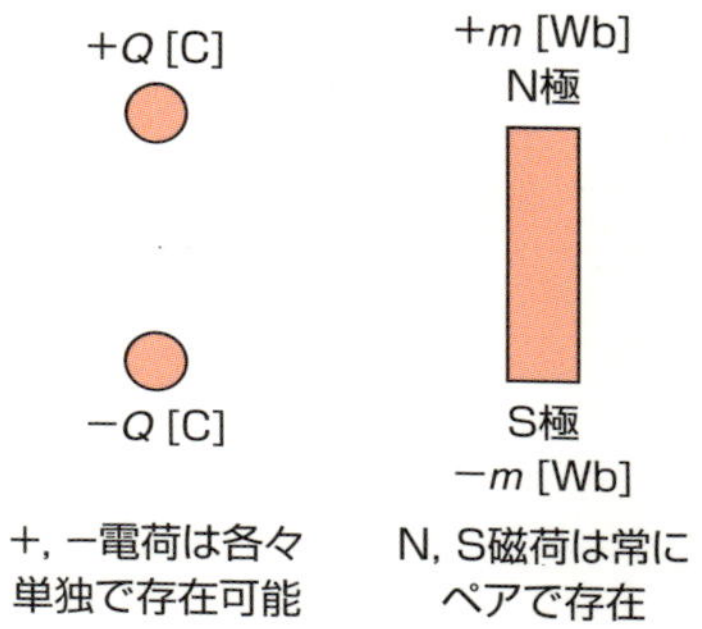

電気力線と磁束線の対比

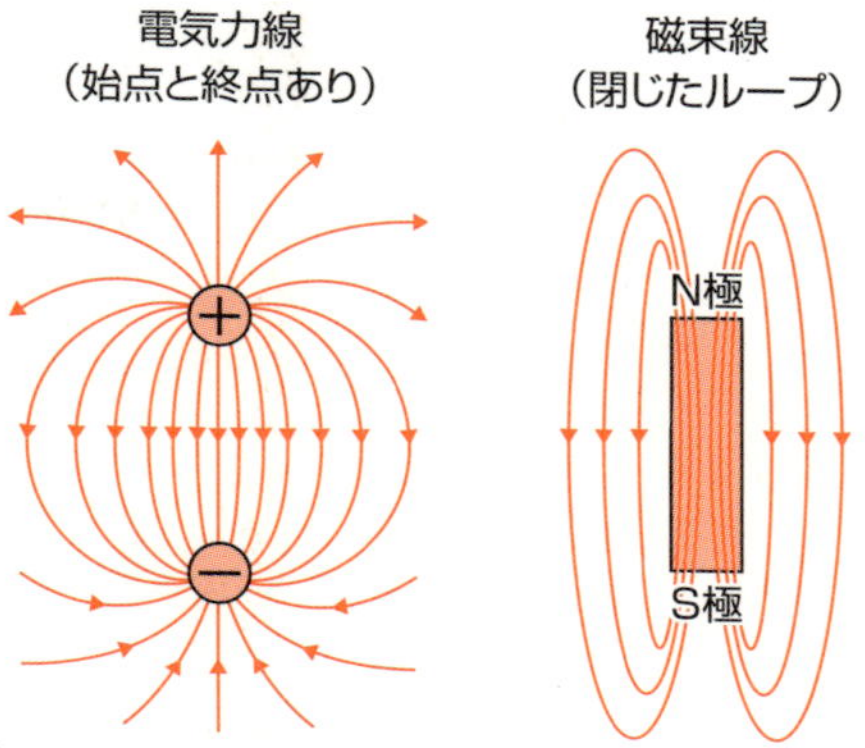

$\mathrm{div}\boldsymbol{E} = \dfrac{\rho}{\varepsilon_0}$　　$\mathrm{div}\boldsymbol{B} = 0$

電気と磁気の表現方法

	場の発生原因		場の表現方法		関係式
	場ができる原因	源(電荷や磁荷)の表現単位	場の強さ(物質に依存)	源の強さ(電荷や磁荷の密度)(物質によらない)	真空中
電気	電圧V [V]	電荷Q [C]	電界E [V/m]	電束密度D [C/m^2]	$D=\varepsilon_0 E$ ε_0:真空の誘電率
磁気	電流I [A]	磁荷m [Wb]	磁界H [A/m]	磁束密度B [Wb/ m^2], [T] TはTesla	$B=\mu_0 H$ μ_0:真空の透磁率

41 コイルの作る磁界

ソレノイドを貫く磁界

まっすぐな導線に電流を流すと（すなわち直線状電流を形成すると）周囲には円周状の磁界ができます。この導線をくるりと丸めると磁界はどうなるか？ついでにコイルばね状にぐるぐる巻いていったらどんな磁界ができるか？について考えてみましょう。

コイルばね状に巻かれた内側部分には導線の各部分からの円周状磁界が合わさって、コイルの芯に沿って強い直線状磁界が形成されます。コイルが密に巻かれているほどコイルの芯の中心部の磁界はより強い直線的磁界となります。密に巻いた直線状コイルは強い磁界を形成するので電磁石の形成等に有用で、ソレノイド（Solenoid）と呼ばれています。その磁界は、棒磁石の作る磁界によく似ています。そもそも棒磁石はソレノイドの内部に挿入した鉄芯をソレノイドから強い磁界を加えて磁化させて作ることができるので、棒磁石にはソレノイドの磁力線のコピーが残っているとも言えそうです。

ソレノイドの磁界の強さについては定量的に表すことができます。n巻/mの密度で巻いてあるコイルに電流Iを流すと、コイル中心軸状の磁界の強さHは、

$H=nI$ [A/m]

となります。現実には細長いコイルの長手方向の中央部分には磁界が最も理想的に集中して$H=nI$の値になり、コイルの両端部では磁界の集中が中央部よりは弱くなるので磁界HはnIよりも少し小さな値になります。十分に長く端部の影響を無視できるとした理想ソレノイドは、その内部に端部まで$H=nI$の磁界を持つと理想化したものです。この理想化状態では磁界はコイル内部にのみ集中して存在し、コイルの外側の磁界はゼロとなっています。

ソレノイドは実用的な電磁石として有用なだけでなく、電磁気学において磁場の理想的発生源として考察の要素に使いやすい点でも重要です。

要点BOX

- n巻／mの理想ソレノイドの中心磁界は$H=nI$
- 両端部の影響を無視したのが理想ソレノイド

ソレノイドとは?

●丸めた導線の磁界

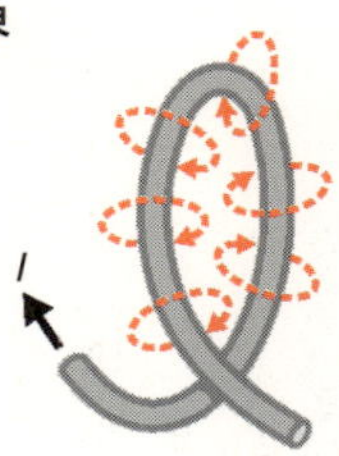

I

丸めた導線の内側の磁界が合成されて中心軸を貫く強い磁界ができる!

●ゆるく巻いたコイルの磁界

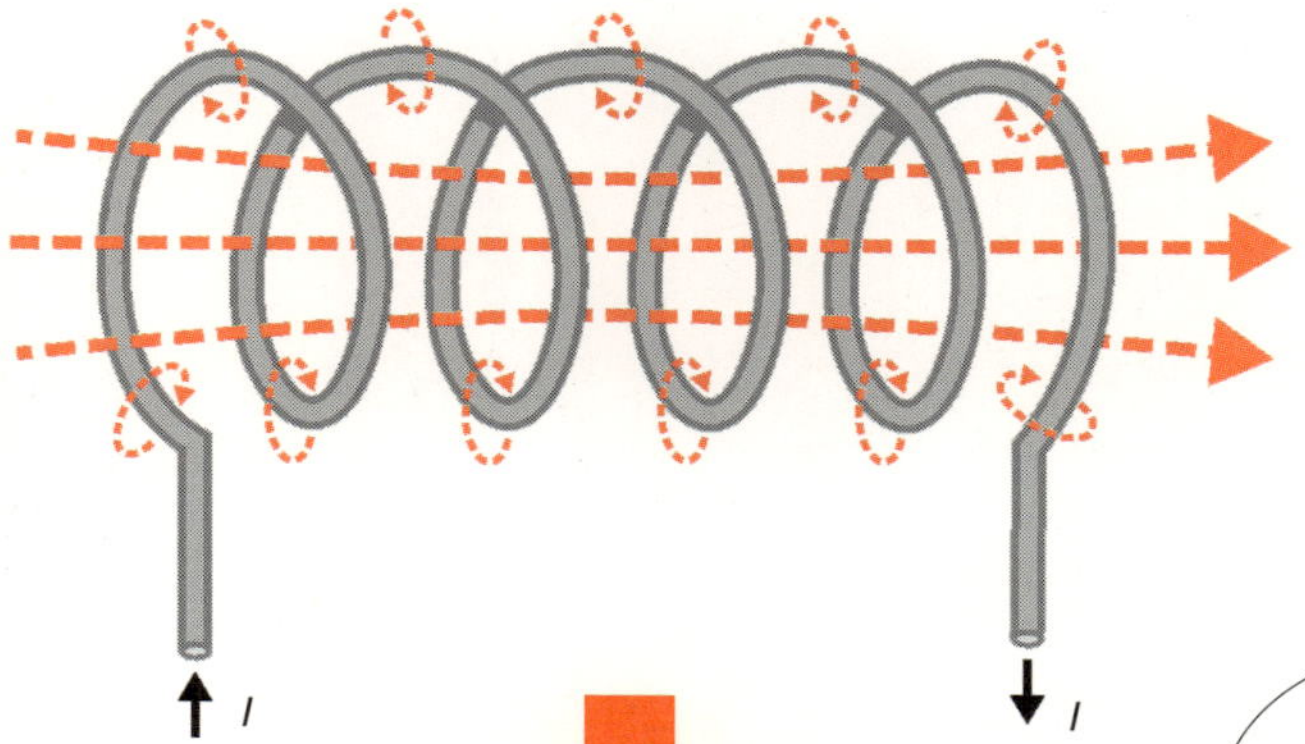

I
I

直線状に密に巻いたコイルをソレノイドと呼びます

●理想ソレノイドの磁界

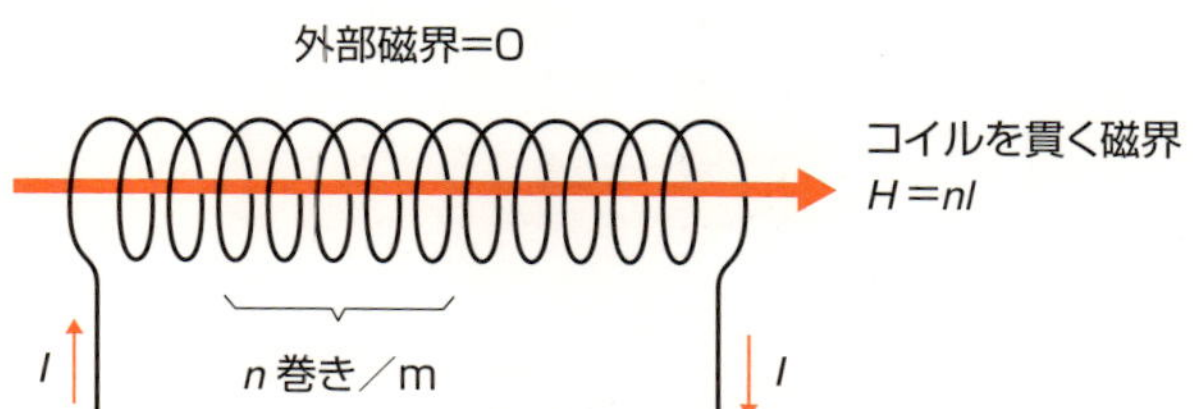

外部磁界=0
コイルを貫く磁界
H=nI
n巻き/m
I
I

Column

基本単位・基本定数の意外な定義順

本書において、クーロンの法則で単位［C］、電流の説明で単位［A］、磁束密度の説明で単位［T］を順に紹介していますが、これらの単位の定義順は実はこの紹介順とは少し異なっています。

この後の43項で詳しく紹介しますが、磁界中の電流に力が加わる現象を利用して、「1 m離れた平行導線間に2×10^{-7}［N/m］の力を発生させる電流を1［A］と定める」という定義により、電流の単位であるアンペアが、先に定義ずみの力の単位ニュートンを元に定義されています。一方、「1［A］の電流が1秒間に運ぶ電荷量を1［C］と定める」という定義によって電荷の単位であるクーロンが電流の単位アンペアを元に定義されています。さらにその後の44項で説明する磁界中で運動する電荷に力が働く現象を利用して、「1［m/s］の速度で運動している1［C］の電荷に1［N］の力を発生させるための磁束密度を1［T］と定める」という定義により磁束密度の単位テスラが定義されています。ついでに言えば、真空の電荷密度ε_0は光速$c=1/\sqrt{\varepsilon_0\mu_0}$の公式において$\mu_0$の値および光速$c$の実測結果により定義されています。

このように単位や定数の定義順は電磁気の理論構築上の基盤部分から応用へ向かう順に定められているわけではなく、測定根拠とする物理量の実測が力の大きさや光の速度などとして高精度に実行可能な部分から順に定義されています。本書の冒頭近くのクーロンの法則の公式に早速出てくる真空の誘電率ε_0が、実は本書の最終部分でやっと出てくる光速の定義式によって決められているという事実は、最後の最後に種明かしというミステリー小説風ではありませんか？

第 6 章

磁界中の電流には力が働く

42 磁界が電流に及ぼす力

モーターを回す力の源

磁界中で電流には力が発生するので、モーターに活用することができます。その基礎として、磁界中で電流に働く力の求め方について考えてみます。

ここではベクトルの外積を使いますので、念のためベクトルの外積について説明しておきます。ベクトルのかけ算には内積と外積の2種類があります。ベクトル$\boldsymbol{A}$、$\boldsymbol{B}$があるとき$\boldsymbol{A}$と$\boldsymbol{B}$の内積は$\boldsymbol{A}\cdot\boldsymbol{B}=AB\cos\theta$（$\theta$は$\boldsymbol{A}$と$\boldsymbol{B}$のなす角）です。これに対し、ベクトル$\boldsymbol{A}$と$\boldsymbol{B}$の外積$\boldsymbol{A}\times\boldsymbol{B}=\boldsymbol{C}$（$\boldsymbol{C}$はベクトル$\boldsymbol{A}$と$\boldsymbol{B}$の両方に垂直なベクトルで$\boldsymbol{C}$の大きさ(絶対値)$C=AB\sin\theta$）です。内積計算の結果が方向なしのスカラーになるのに対し、外積計算の結果はベクトルなので要注意です。

さて、下図のように川の流れのような磁界に導線が丸太橋のように渡してある状況を考えます。磁束密度$\boldsymbol{B}$の一様な磁界の中で電流$\boldsymbol{I}$が直線状に流れているとき、この電流$\boldsymbol{I}$の単位長さあたりに働く力のベクトルは$\boldsymbol{I}$と$\boldsymbol{B}$の外積として

$$\boldsymbol{F}=\boldsymbol{I}\times\boldsymbol{B}$$

で表されます。電流もベクトル$\boldsymbol{I}$として扱っていることに要注意です。

ベクトル$\boldsymbol{F}$の大きさFは$F=IB\sin\theta$ [N/m]となります。ここでθは電流ベクトル$\boldsymbol{I}$と磁束密度ベクトル$\boldsymbol{B}$のなす角です(下図では90°くらいに見えるが、90°である必要はない)。またベクトル$\boldsymbol{F}$の方向は$\boldsymbol{I}$と$\boldsymbol{B}$の両方に垂直で、いわゆる「右ねじの法則」に従い、$\boldsymbol{I}$から$\boldsymbol{B}$向きに測るθの方向に右ねじを回したときにねじの進む向きが$\boldsymbol{F}$の方向です。電流に働く力は電流の流れている導線の磁界中の長さに比例し、$F=IB\sin\theta$は導線1 mあたりに働く力を表しています。

この関係は、中指を電流、人差し指を磁場方向としたとき親指が力の方向となる「フレミングの左手の法則」でも表されます。

要点BOX

- ●$\boldsymbol{F}=\boldsymbol{I}\times\boldsymbol{B}$
- ●$\boldsymbol{F}$の大きさFは$F=IB\sin\theta$
- ●θは$\boldsymbol{I}$と$\boldsymbol{B}$のなす角

ベクトルの内積と外積

ベクトル**A**と**B**の内積

$$\boldsymbol{A}\cdot\boldsymbol{B} = A\ B\cos\theta$$

これに対し、ベクトルAとBの外積

$$\boldsymbol{A}\times\boldsymbol{B} = \boldsymbol{C}$$

Cはベクトル**A**と**B**の両方に
垂直なベクトルで**C**の大きさ（絶対値）

$$C = A\ B\sin\theta$$

ちなみに$\boldsymbol{B}\times\boldsymbol{A} = -\boldsymbol{C}$

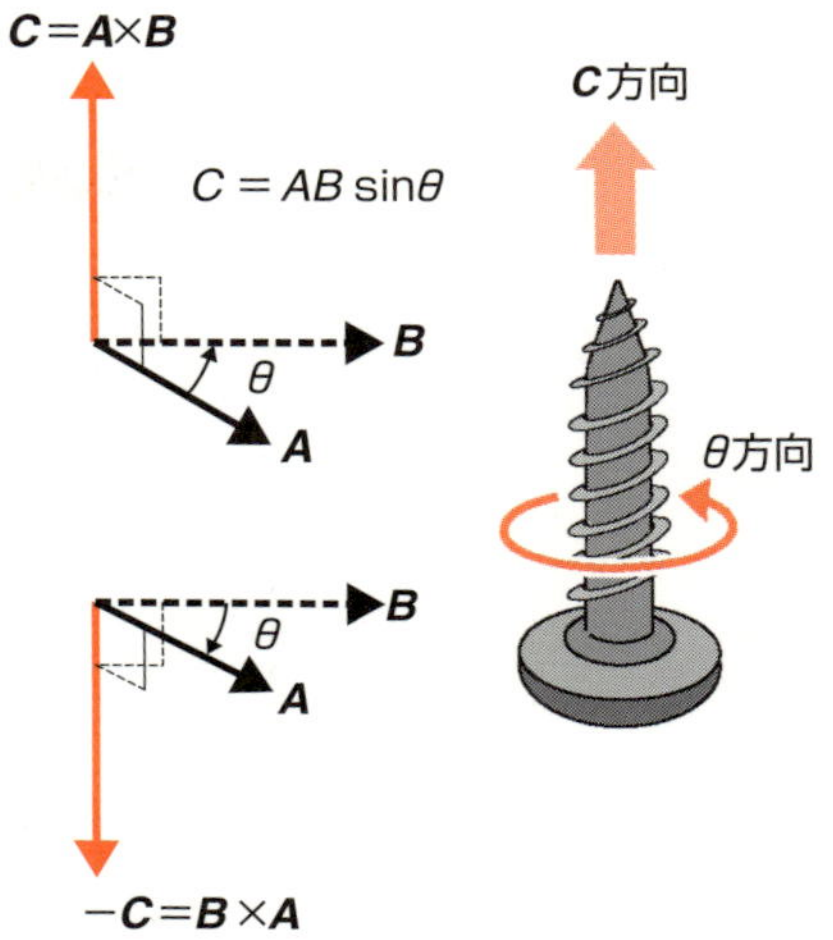

磁界中の電流に働く力

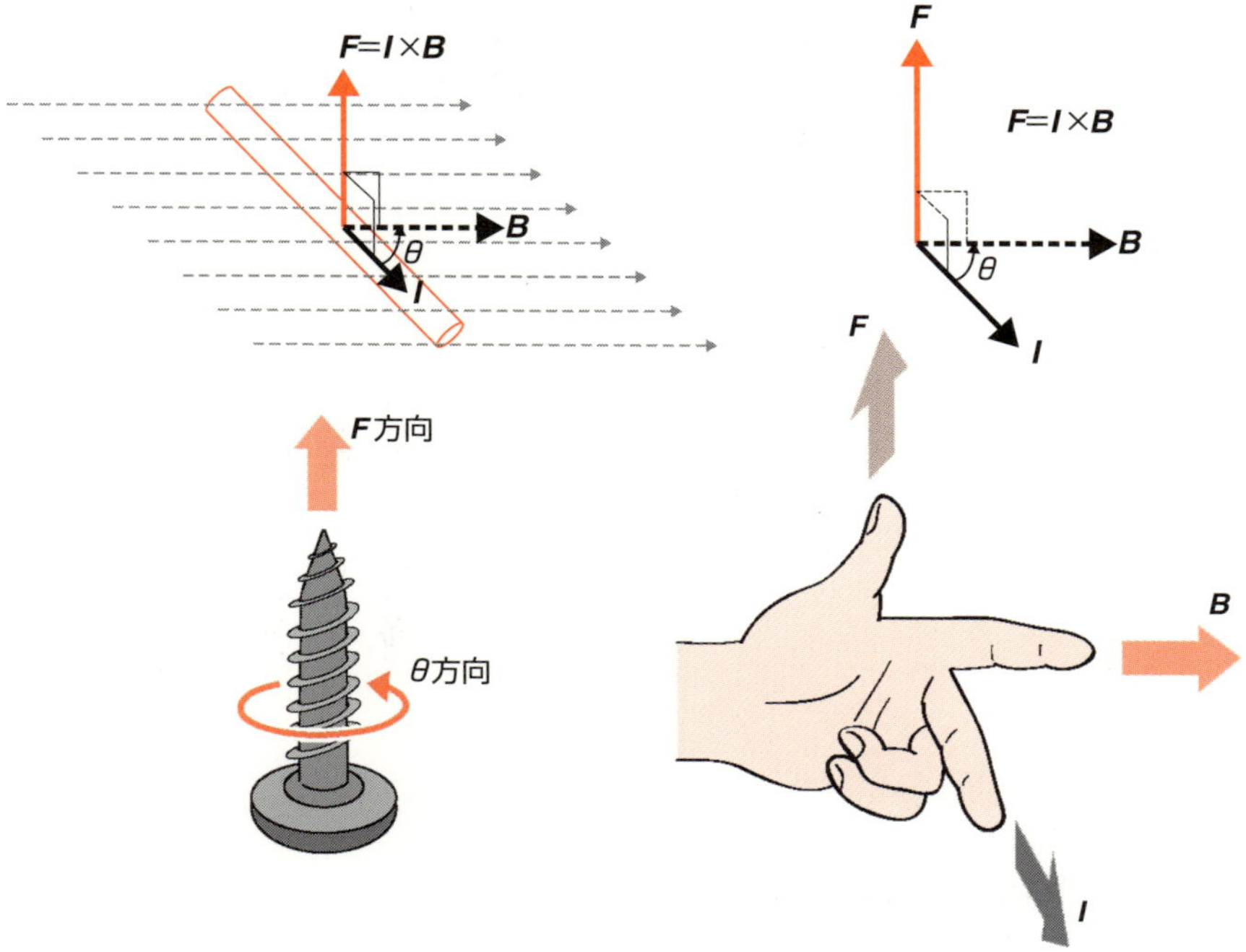

43 平行電流間に働く力

平行電流は力を及ぼし合う

磁界が電流に及ぼす力を計算する簡単な応用問題をやってみましょう。電流の周囲には磁界ができますので、導線を2本平行に配置して各々に電流を流すと、各々の導線の周囲にできる磁界を互いに及ぼし合い、各々の導線は磁界中を流れる電流として力を受けます。その結果2本の導線間には互いに引き合うか反発し合う力が作用することになります。この力を計算してみます。このとき力 $\boldsymbol{F}$、磁束密度 $\boldsymbol{B}$ はもちろん、電流 $\boldsymbol{I}$ もベクトルとして扱います。

間隔 r で平行に配置された2本の導線に各々電流 $\boldsymbol{I}_1$、$\boldsymbol{I}_2$ が互いに逆向きに流れている場合を考えます。下図左側の導線上のP_1点に働く力のベクトル $\boldsymbol{F}_1$ の大きさF_1、下図右側の導線上のP_2点に働く力のベクトル $\boldsymbol{F}_2$ の大きさF_2を各々求めると

$F_1 = F_2 = (\mu_0 I_1 I_2)/(2\pi r)$

一般に平行導線間に働く力は各々の電流の大きさをI_1、I_2としたとき、両方の導線に同じ力$F=(\mu_0 I_1 I_2)/(2\pi r)$が生じ、$I_1$、$I_2$が互いに逆向きであれば導線同士が反発し合う方向に力が働くことになります。もし $\boldsymbol{I}_1$、$\boldsymbol{I}_2$ が同じ向きであれば、$\boldsymbol{F}_1$、$\boldsymbol{F}_2$ は各々前記の逆向きの力となりますので、導線同士を引きつけ合う方向に力が働くことになります。

ところで$\mu_0 = 4\pi\times10^{-7}$なのでこれを代入すると、

$F=(4\pi\times10^{-7}\times I_1 I_2)/(2\pi r)$

$=(2\times10^{-7}\times I_1 I_2)/r$ [N/m]

となります。この力は導線1mあたりに働く力ですので、働く力は導線の長さに比例します。

ちなみに、電流$I_1=I_2=1$[A]、導線間隔$r=1$[m]のとき$F=2\times10^{-7}$[N/m]となりますが、実はこれは電流の大きさの定義に使われており、単位長さあたり2×10^{-7}[N/m]の力を生じさせる平行電流の大きさが1[A]であると定められています。

要点BOX
- ●逆方向の平行電流は反発し合う
- ●同方向の平行電流は引き合う
- ●平行電流間に働く力は電流の積に比例する

平行電流（互いに逆方向）の周囲の磁界

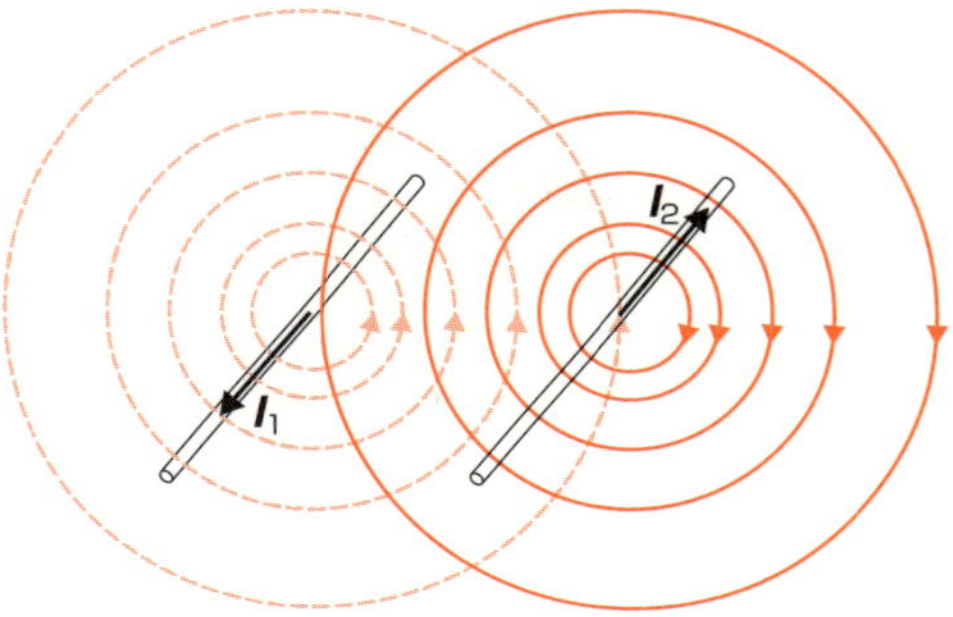

平行電流（互いに逆方向）に加わる力

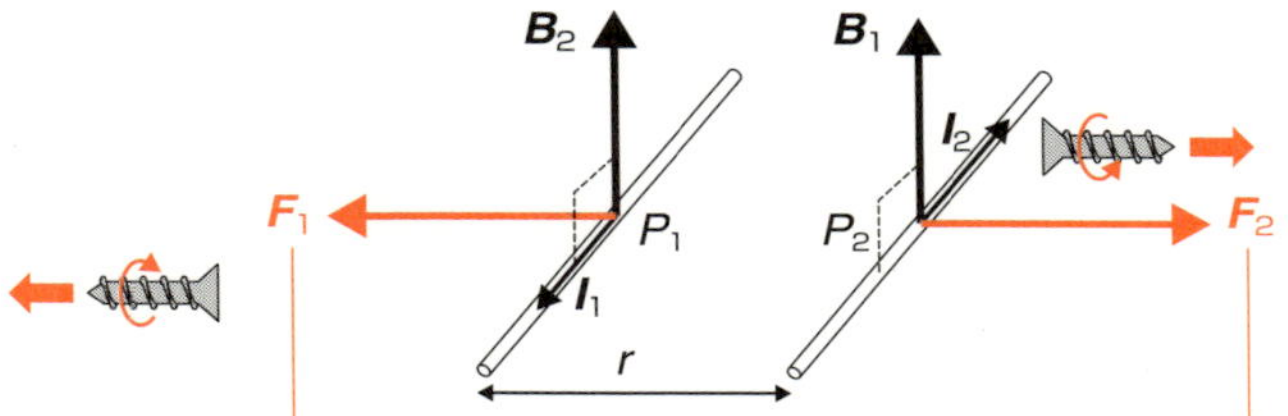

左の導線上のP_1点に働く力$\boldsymbol{F}_1$を求める

対向する導線上の電流 $\boldsymbol{I}_2$ によってP_1点に生じる磁界の大きさをH_2とすると

$\oint_c \boldsymbol{H} \cdot d\boldsymbol{L} = I$ より

$2\pi r H_2 = I_2$

$$H_2 = \frac{I_2}{2\pi r}$$

よって $B_2 = \dfrac{\mu_0 I_2}{2\pi r}$

P_1点に働く力のベクトル$\boldsymbol{F}_1$は

$\boldsymbol{F}_1 = \boldsymbol{I}_1 \times \boldsymbol{B}_2$

その大きさF_1は

$F_1 = I_1 B_2 \sin\theta$

$\theta = 90°$なので$\sin\theta = 1$より

$$F_1 = I_1\ B_2 = I_1 \frac{\mu_0 I_2}{2\pi r}$$

$$= \frac{\mu_0 I_1 I_2}{2\pi r}$$

右の導線上のP_2点に働く力$\boldsymbol{F}_2$を求める

対向する導線上の電流 $\boldsymbol{I}_1$ によってP_2点に生じる磁界の大きさをH_1とすると

$\oint_c \boldsymbol{H} \cdot d\boldsymbol{L} = I$ より

$2\pi r H_1 = I_1$

$$H_1 = \frac{I_1}{2\pi r}$$

よって $B_1 = \dfrac{\mu_0 I_1}{2\pi r}$

P_2点に働く力のベクトル$\boldsymbol{F}_2$は

$\boldsymbol{F}_2 = \boldsymbol{I}_2 \times \boldsymbol{B}_1$

その大きさF_2は

$F_2 = I_2 B_2 \sin\theta$

$\theta = 90°$なので$\sin\theta = 1$より

$$F_2 = I_2 B_1 = I_2 \frac{\mu_0 I_1}{2\pi r}$$

$$= \frac{\mu_0 I_1 I_2}{2\pi r}$$

44 磁界中の電荷に働く力

電荷の速度に比例した力が磁界により働く

43項で磁界中の電流に働く力について考えましたが、ここではもう1つ原点に戻って、(電流の源としての)運動する電荷に働く力について考えます。

磁束密度ベクトル ***B*** の場における電荷 *Q* の運動が速度ベクトル ***v*** で表されるとき、電荷に働く力のベクトル ***F*** は次のようになります。

$\boldsymbol{F} = Q\boldsymbol{v} \times \boldsymbol{B}$

このとき速度ベクトル ***v*** と磁束密度ベクトル ***B*** のなす角を θ とすると力の大きさは

$F = QvB\sin\theta$

です。

そもそも電荷 *Q* が速度ベクトル ***v*** で動いているときの電流ベクトル ***I*** は

$\boldsymbol{I} = Q\boldsymbol{v}$

ですので、この関係を考えると $\boldsymbol{F} = Q\boldsymbol{v} \times \boldsymbol{B}$ という式は43項で紹介した $\boldsymbol{F} = \boldsymbol{I} \times \boldsymbol{B}$ をもう一段細かく表しただけです。

速度 ***v*** で運動中の電荷にこのような力が加わると、電荷の軌道は曲げられて曲線的な軌跡を描く結果となります。

例えば $Q=1$［C］の電荷が $v=1$［m/s］の速度で動いているとき $\boldsymbol{F}=\boldsymbol{B}$ となります。ちなみにこの式を用いて、力の大きさ $F=1$［N］を発生させるための磁束密度の大きさ *B* を1［T(テスラ)］として磁束密度の単位が定めてあります。

ところで、電界 ***E*** 中に存在する電荷 *Q* に働く力は $\boldsymbol{F}=Q\boldsymbol{E}$ で表されます。もし電荷 *Q* が、電界 *E* で磁束密度 ***B*** の場に置かれ、かつ速度 ***v*** で運動しているとき、電荷 *Q* に働く力(ローレンツ力)は

$\boldsymbol{F} = Q\boldsymbol{E} + (Q\boldsymbol{v} \times \boldsymbol{B}) = Q\{\boldsymbol{E} + (\boldsymbol{v} \times \boldsymbol{B})\}$

となります。この式を見ると、電界は電荷の速度に依存せず一定の力を電荷に及ぼし、磁界は電荷の速度に比例した力を電荷に及ぼすものであることがわかります。

要点BOX
- $\boldsymbol{F} = Q\boldsymbol{v} \times \boldsymbol{B}$
- ***F*** は磁束密度 ***B*** 下で速度 ***v*** の電荷 *Q* に働く力

磁束密度*B*の場で速度*v*の電荷*Q*に働く力

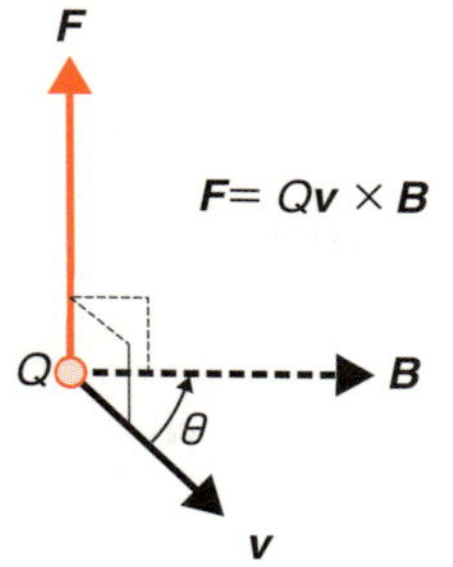

磁束密度*B*の場で速度*v*の電荷*Q*の軌跡は曲げられる

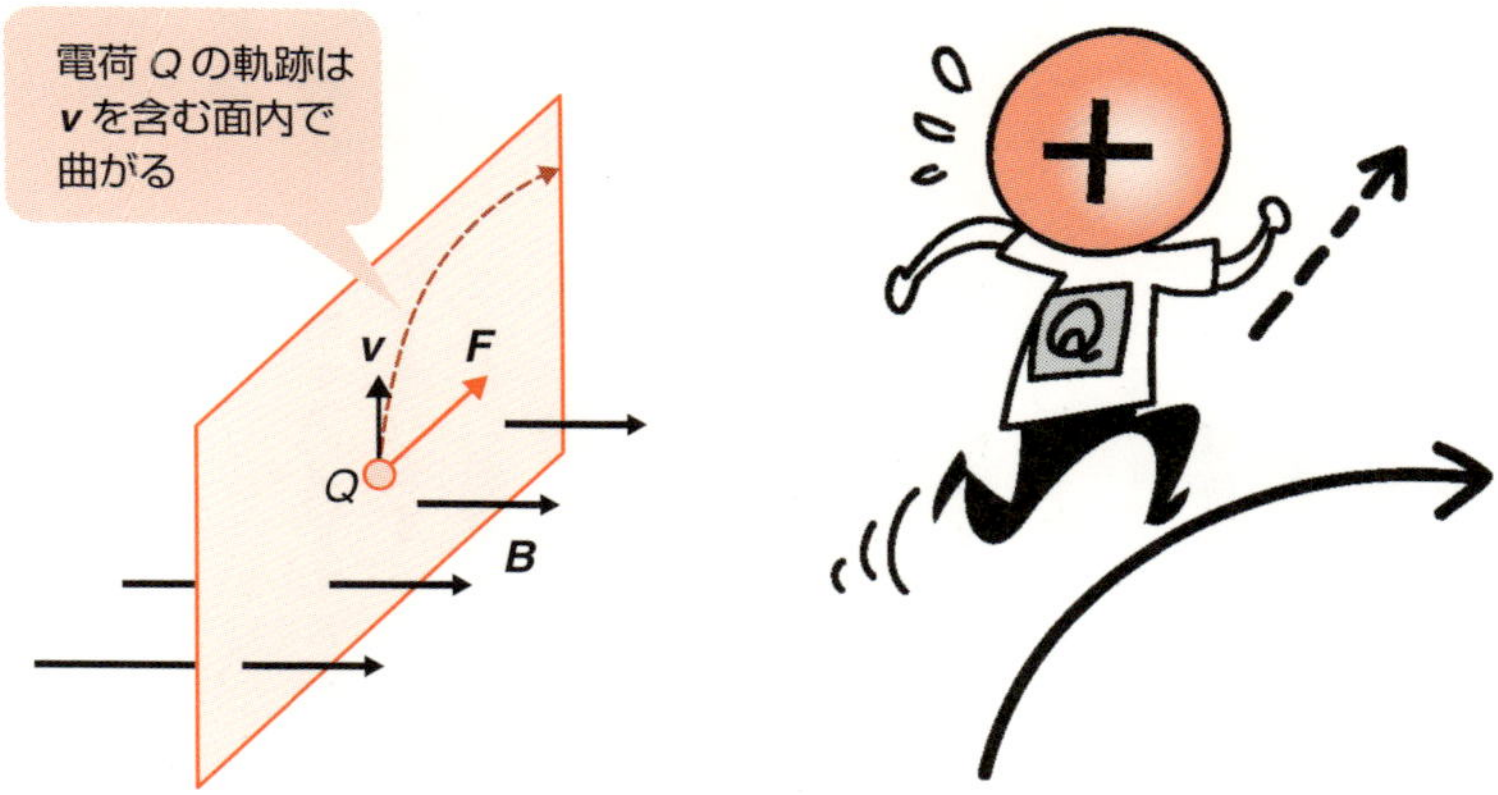

電界*E*の場で電荷*Q*に働く力

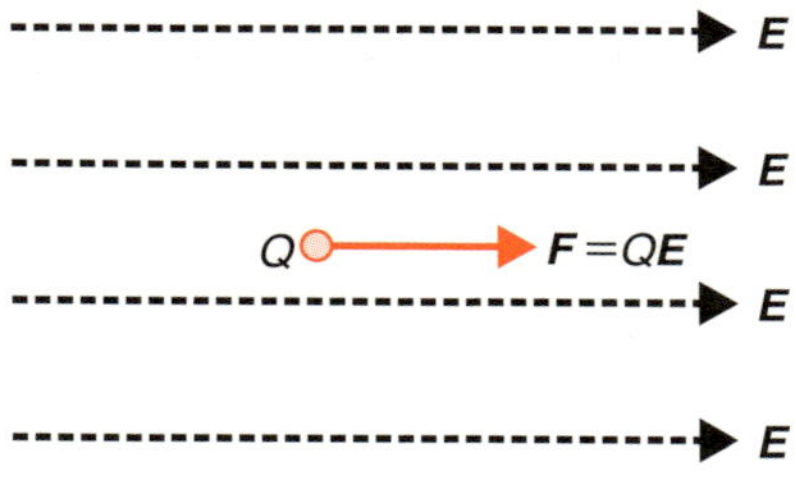

用語解説

ローレンツ力:電磁界中で運動する電荷に加わる力をローレンツ力と呼ぶ。オランダの物理学者ローレンツ（1902年ノーベル物理学賞）にちなむ。

45 発電機の原理

磁界中で動かした導線には電界が生じる

44項では磁界中で速度を持つ電荷に働く力について考えました。ここでは磁界中で速度を持つ導線に何が起きるかを考えます。磁界中で導線が速度 **v** で動くと、導線中の電荷（電子等）も速度 **v** で動くことになり電荷には力が働きます。この力の方向が導線の長手方向であれば、電荷は導線に沿って走ることになり、すなわち電流が発生します。つまり磁界中で導線を動かすと導線に電界が発生し、導線から電流を取り出すことができます。これが発電機の原理です。

磁束密度 **B** の磁界中を導体が（導体と垂直方向に）速度 **v** で動くとき、導体中の電荷 Q には44項で求めたとおり

$\boldsymbol{F} = Q\boldsymbol{v} \times \boldsymbol{B}$

の力が働きます。また電荷に働く力と電界の間には

$\boldsymbol{F} = Q\boldsymbol{E}$

の関係がありますので、導線内で電荷に作用する電界は

$\boldsymbol{E} = \boldsymbol{F}/Q = \boldsymbol{v} \times \boldsymbol{B}$

と求まります。この **E** が、磁界中で導線を動かしたときに導線に発生する電界です。**v** と **B** のなす角が θ のとき **E** の大きさは

$E = vB\sin\theta$ [V/m]

となります。

E は導線の単位長さあたりの電圧に相当しますので、磁界中にある導線の長さが L であれば導線に発生する電圧は

$V = LE = LvB\sin\theta$

と求まります。

発電機は磁界中でコイル状の導線を回転させることにより電圧を発生させる仕組みです。コイルを回転させるには、例えば自動車ではエンジン、水力発電では水車、火力や原子力発電では蒸気タービンでコイルを回しています。

要点BOX
- ●磁束密度 **B** 中の速度 **v** の導線の電界 **E**＝**v**×**B**
- ●**v** と **B** の角度が θ のとき $E=vB\sin\theta$ [V/m]

磁界中で運動する導線内の電荷に働く力

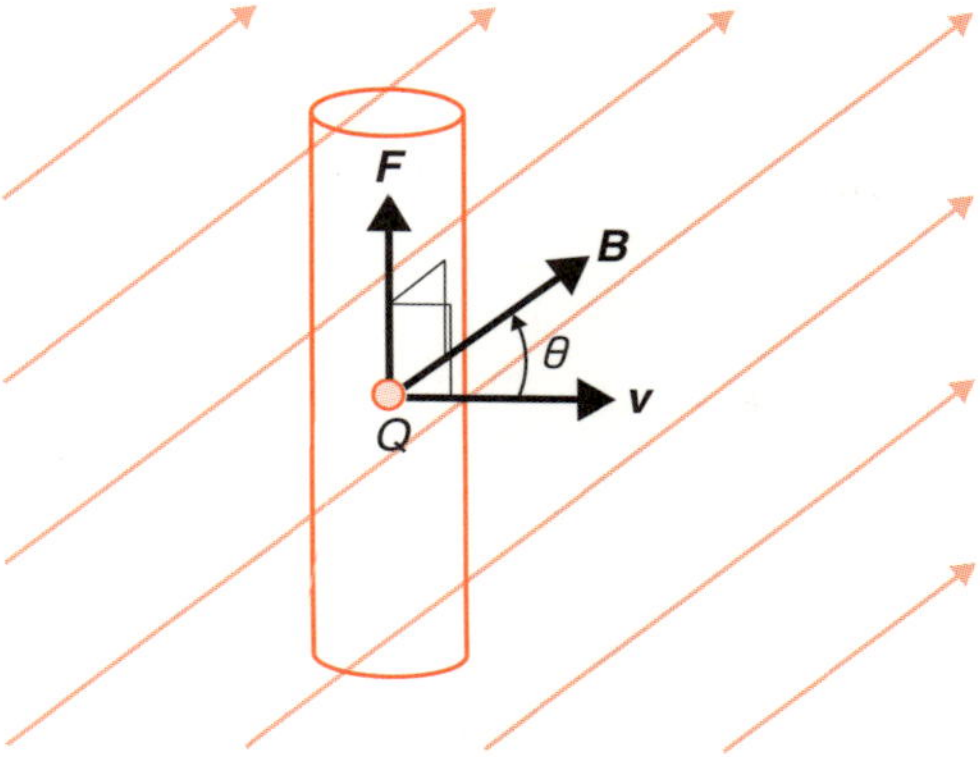

$\boldsymbol{F} = Q\boldsymbol{v} \times \boldsymbol{B}$

$\boldsymbol{F}/Q = \boldsymbol{v} \times \boldsymbol{B}$

$\boldsymbol{F} = Q\boldsymbol{E}$より

$$\boldsymbol{E} = \frac{\boldsymbol{F}}{Q} = \boldsymbol{v} \times \boldsymbol{B}$$

$E = vB\sin\theta$ [V/m]

導線に生じる起電力

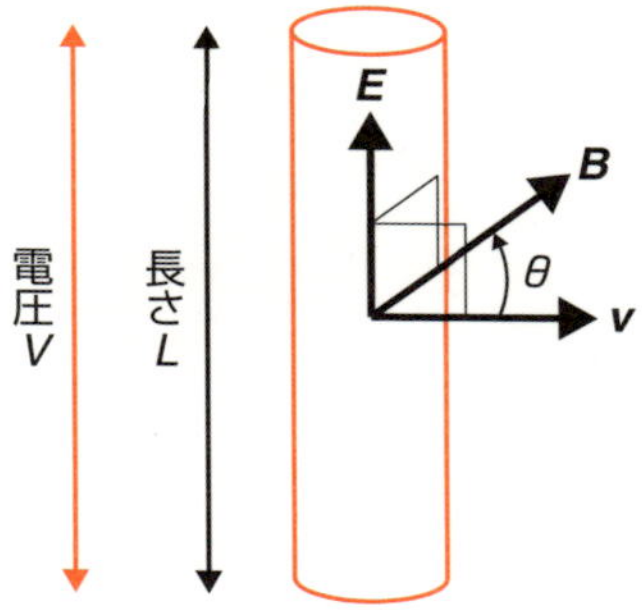

長さLの導線に生じる電圧は

$V = LE = LvB\sin\theta$

46 発電機による交流電流

磁界中で回転させたコイルには電界が生じる

発電機の原理として、図1のような磁場中の回転コイルから回転速度に比例した交流電流が得られることを確かめてみましょう。

図2左のように、幅 a 長さ b の矩形状に n 巻したコイルを、幅 a 側が回転の外周となる向きに角速度 ω（オメガ）で回転させます（幅 b の中央が回転軸）。このコイルを回転軸に垂直な一様磁束密度 $\boldsymbol{B}$ 中に置きます。コイル導線の長さ a の辺は磁束密度 $\boldsymbol{B}$ 中で半径 $b/2$ の円上を運動します。この導線に発生する起電力を求めるには、長さ a の辺の速度ベクトル $\boldsymbol{v}$ の大きさと磁束密度 $\boldsymbol{B}$ に対する角度が必要です。

図2右のように、長さ a の辺に垂直な断面で考えましょう。この断面図では長さ b の辺は紙面に平行です。長さ b の辺が磁束密度 $\boldsymbol{B}$ に垂直な位置にあるときを時間0とすると、t 秒後には長さ b の辺は角度 ωt［rad（ラジアン）］だけ回転しており、このとき長さ b の辺の先端（すなわち長さ a の辺）は半径 $b/2$ の円周上を周速 $(b/2)\omega$ で運動しています。すなわち $v=(b/2)\omega$ で、時間 t における、$\boldsymbol{v}$ と $\boldsymbol{B}$ の角度は $\theta=\omega t$ です。

これでコイルに生じる電界 $\boldsymbol{E}$ の計算材料が出揃いました。$\boldsymbol{E}=\boldsymbol{v}\times\boldsymbol{B}$ すなわち $E=vB\sin\theta$ の式に $v=(b/2)\omega$ と $\theta=\omega t$ を代入すると、次式となります。

$$E=(b/2)\,\omega B\sin\omega t\ [\mathrm{V/m}]$$

これは単位長さあたりの式なので、紙面に垂直な長さ a の導線が巻線数 n で上下2本あるので、発生電圧は $(2na)E=nab\omega B\sin\omega t$［V］となります。

一方、長さ b の辺についてはどうでしょう？ 長さ b の辺の導線に発生する電界は $\boldsymbol{B}$ と $\boldsymbol{v}$ に垂直ですので、長さ b の辺の導線に垂直方向となります。導線の長手方向に電界が生じないので、辺 b の導線には有効な電圧は生じません。結局このコイル全体で生じる電圧は辺 a による $nab\omega B\sin\omega t$［V］ですべてです。これは周期 $(2\pi/\omega)$ の交流となります。

要点BOX

- ●磁界を横切る導線に生じる電界で発電する
- ●角速度 ω のコイルは周期 $(2\pi/\omega)$ の交流を発生

図1　磁界中でのコイルの回転

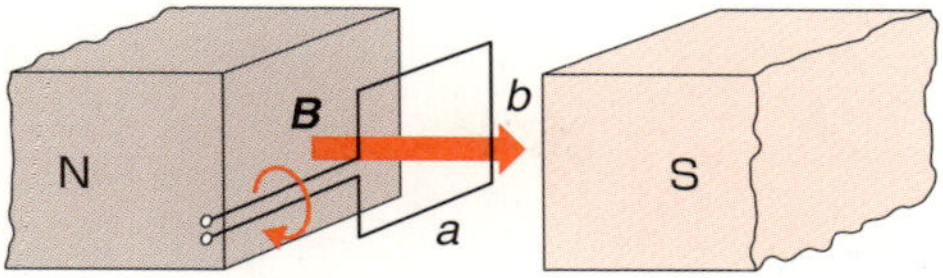

図2　角速度ωで磁界B中を回転するコイル

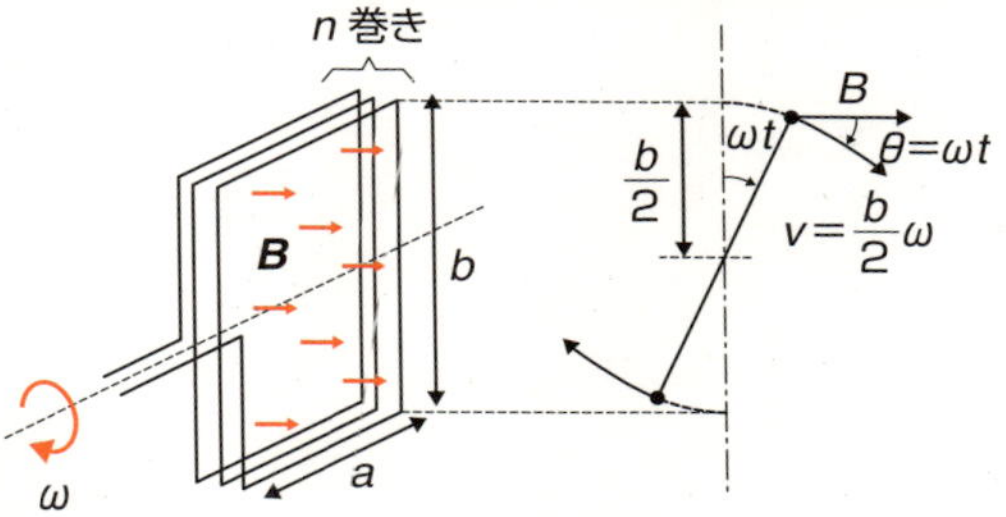

図3　発電機から得られる交流波形

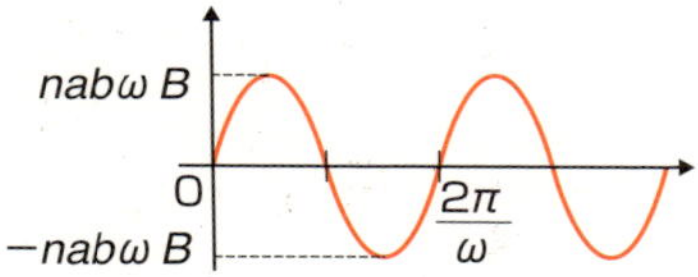

$$V = nab\omega B \sin\omega t \ [\mathrm{v}]$$

コイルに生じる起電力の計算

導線内に生じる電界は$\boldsymbol{E} = \boldsymbol{v} \times \boldsymbol{B}$　電界の大きさ$E = vB\sin\theta$において

辺aでは

$v = \dfrac{b}{2}\omega,\ \theta = \omega t$なので

$E = \dfrac{b}{2}\omega B\sin\omega t \ [\mathrm{V/m}]$

長さaの導線が2本（上下に各々）あり巻線数はnなので、起電力は

$$V = (2na)E$$
$$= (2na)\frac{b}{2}\omega B\sin\omega t$$
$$= nab\omega B\sin\omega t \ [\mathrm{v}]$$

辺bでは　辺bの導線長手方向に生じる電界はゼロなので

結局コイル全体で生じる起電力は

$V = nab\omega B\sin\omega t \ [\mathrm{v}]$　←周期$\dfrac{2\pi}{\omega}$の交流を表す

用語解説

ラジアン（rad）：角度の単位で、πラジアンが180度(deg)に対応する。

Column

直流派エジソンと交流派ウェスチングハウス社の対決

日本で家庭のコンセントに来ている商用電源は100ボルトの交流。世界中でも商用電源は電圧の違いこそあれ基本的に交流です。実はこれが交流に決まるまでには、直流方式を推進するエジソン設立の世界初の電力会社と、追って電力事業に乗り出し交流方式を推進するウェスチングハウス社の間で激しい競争が繰り広げられた話は有名です。電力ロスを抑えて効率的に送電するには電磁誘導を用いた変圧器で簡単に電圧変換可能な交流が有利ですが、高電圧で送電する交流方式は危険であるとエジソンは主張し続けました。最終的にエジソンの会社も交流を採用し、事業創始者としてのエジソンは電力事業から身を引くことになりましたが、エジソンが興した電力会社はその後も発展し、エジソンの名前を今も社名に残しています。またエジソンが創始者であるゼネラル・エレクトリック社は今なお世界を代表する電気機器製造企業です。

ところでエジソンと言えば天才発明家のイメージが強いのですが、例えば前記電力事業の立ち上げ過程ではトラブル続きの事業現場に泊まり込んで大変な苦労をしながら大赤字の事業を何とか軌道に乗せる努力を続けた苦労人でもあったのです。研究面でもエジソンの白熱電球は日本の竹を使って長寿命化に成功したことが有名ですが、長寿命のフィラメント材料を探し求める過程で6000種類もの植物を試した記録が残っているそうです。天才とは1パーセントのひらめきと99パーセントの汗である（Genius is 1percent inspiration and 99 percent perspiration.）とは発明王エジソン（1847～1931年）の名言です。

第7章

磁気現象をミクロに見る

47 電流と磁界のミクロな関係

30項で紹介したアンペア周回積分の法則 $\oint_C \boldsymbol{H} \cdot d\boldsymbol{L} = I$ は、電流 I とその周囲発生する磁界の関係を積分形でマクロ（巨視的）に表す関係式です。すなわち、この式は「積分路Cというループ状の経路で電流を囲んで…」という、ある広い領域で考えたときの式になっています。

ここで、電気の場における電荷とその周囲の電界の関係として、マクロな視点で積分形のガウスの法則 $\oint_S E_n ds = Q/\varepsilon_0$ があるのに対し、その微分形として $\mathrm{div}\,\boldsymbol{E} = \rho/\varepsilon_0$（ただし $\mathrm{div}\,\boldsymbol{E} = (\partial/\partial x)E_x + (\partial/\partial y)E_y + (\partial/\partial z)E_z$）がミクロ（微視的）な視点での微分形の関係式として存在することを思い起こしてみます。磁気の場においても、同様にミクロな微分形の関係式があってもよいはずです。

実は、$\mathrm{rot}\,\boldsymbol{H} = \boldsymbol{J}$ がアンペア周回積分の法則の微分形です。この式について説明しましょう。

$\boldsymbol{J}$ は電流密度ベクトルで、例えば電流ベクトル $\boldsymbol{I}$ が断面積 S の導線に均一に流れるとき、$\boldsymbol{J} = \boldsymbol{I}/S$ です。rotは演算子で、$\mathrm{rot}\,\boldsymbol{H}$ は次の演算を示します。

$$\mathrm{rot}\,\boldsymbol{H} = \boldsymbol{i}\{(\partial H_z/\partial y) - (\partial H_y/\partial z)\} + \boldsymbol{j}\{(\partial H_x/\partial z) - (\partial H_z/\partial x)\} + \boldsymbol{k}\{(\partial H_y/\partial x) - (\partial H_x/\partial y)\}$$

すなわち演算子を使わずに書けば、次のようになります。

$$\boldsymbol{i}\{(\partial H_z/\partial y) - (\partial H_y/\partial z)\} + \boldsymbol{j}\{(\partial H_x/\partial z) - (\partial H_z/\partial x)\} + \boldsymbol{k}\{(\partial H_y/\partial x) - (\partial H_x/\partial y)\} = \boldsymbol{J}$$

このように長くて面倒な式になるところですが、演算子のおかげでずいぶんシンプルに書けるところが演算子のありがたみです。

ところで、演算子divはdivergence の略で、「発散」と呼ばれ〝湧き出し〟を表すことを18項で紹介しました。演算子rotはrotationの略で「回転」と呼ばれ〝渦〟を表します。

要点BOX

- アンペアの法則の微分形は $\mathrm{rot}\,\boldsymbol{H} = \boldsymbol{J}$
- $\boldsymbol{J}$ は電流密度
- rotは「渦」を表す。

ガウスの法則とアンペア周回積分の法則との対比

	積分形	微分形	演算子の意味
電界	ガウスの法則 $\oint_s \boldsymbol{E}\cdot d\boldsymbol{s} = \dfrac{Q}{\varepsilon_0}$	$\mathrm{div}\ \boldsymbol{E} = \dfrac{\rho}{\varepsilon_0}$ ρは電荷密度	$\mathrm{div}\boldsymbol{E} = \dfrac{\partial E_x}{\partial x} + \dfrac{\partial E_y}{\partial y} + \dfrac{\partial E_z}{\partial z}$ div(発散)の意味は 「湧き出し」でスカラー量 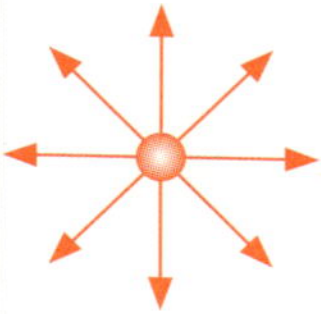 湧き出し総量に方向はない
磁界	アンペア周回積分の法則 $\oint_c \boldsymbol{H}\cdot d\boldsymbol{L} = I$	$\mathrm{rot}\ \boldsymbol{H} = \boldsymbol{J}$ $\boldsymbol{J}$は電流密度ベクトル	$\mathrm{rot}\ \boldsymbol{H} = \boldsymbol{i}\left(\dfrac{\partial H_z}{\partial y} - \dfrac{\partial H_y}{\partial z}\right) + \boldsymbol{j}\left(\dfrac{\partial H_x}{\partial z} - \dfrac{\partial H_z}{\partial x}\right) + \boldsymbol{k}\left(\dfrac{\partial H_y}{\partial x} - \dfrac{\partial H_x}{\partial y}\right)$ rot(回転) の意味は「渦」でベクトル量 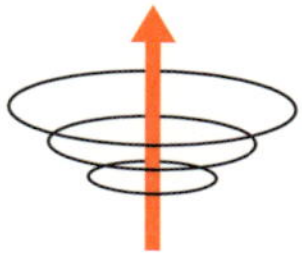 渦には軸の向きがある

ガウスの法則(積分形)の2つの表示方法

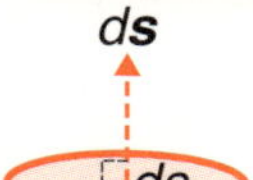

微小面素dsはその面に垂直な単位ベクトル$\boldsymbol{ds}$(面素ベクトル)を用いて方向を含めて表すことができる

ガウスの法則のスカラー表示

貫く成分E_n

($E_n = E\cos\theta$)

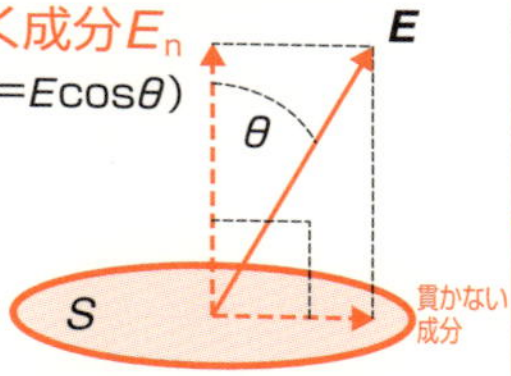

$$\oint_s E_n\, ds = \frac{Q}{\varepsilon_0}$$

↔

ガウスの法則のベクトル表示

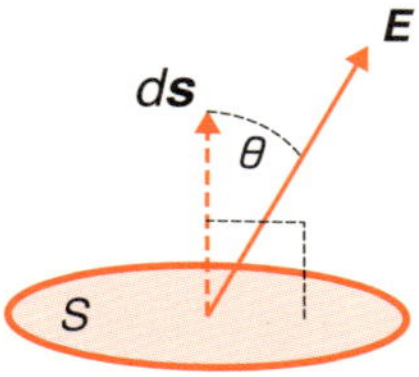

$$\oint_s \boldsymbol{E}\cdot d\boldsymbol{s} = \frac{Q}{\varepsilon_0}$$

$$\boldsymbol{E}\cdot d\boldsymbol{s} = E\cdot ds\cos\theta$$

$$E\cos\theta = E_n$$

$$\therefore \boldsymbol{E}\cdot d\boldsymbol{s} = E_n\cos\theta$$

48 rotation（渦）とは何か

rotは渦の軸方向を向くベクトル

演算子rotが表す「渦」の概念について改めて考えてみましょう。渦には強さだけでなく方向があります。渦は回転軸を持っていますので、その軸の方向が渦の方向です。例えば洗濯機の中に水車（軸つき）を水面から差し込んだとします。このとき、水車が一番よく回るのはどんな場合でしょう？ 渦の中央付近で水面に平行に軸を置いても水車はあまり回りませんが、水面に垂直に軸を置くと水車は勢いよく回ります。最も速く水車が回る軸の方向がその部分の渦の方向です。

別の例を考えてみましょう。ゆったり流れる川の流れを水面上から見て渦がないように見えても、渦は存在し得ます。もし小石がコロコロ水底を転がっていれば渦のある証拠です。洗濯機で試した水車をこの川でも試してみたとします。水車の軸を水面に垂直に置いても水車はあまり回転しませんが、軸を水面と平行に、かつ流れの向きと垂直にして川底近くに置くとよく回転するはずです。川の流れにおける水の運動速度は、川底に接する部分ではゼロで、川底から上に離れていくに従って大きくなるので、その速度差で水車が回るわけです。つまり川の流れにも、川底に水平で流れの向きに垂直な軸を持つ渦が一般に存在しています。

実はrotの計算式は、川の流れで言えば川の浅い部分と深い部分の水の流れの速度差による「ずれ成分」を各方向で計算する式になっていて、そのずれの集積が渦になっています。速度の不均一性が渦の原因とも言えます。

一般に流れの中には湧き出し（div）や渦（rot）が混在可能です。その例を流線として図に示します。電磁気において、流れは水流ではなく磁力線や電気力線などで、rot***H***は磁界の渦の方向と強さを表すベクトルとなります。

要点BOX

- ●場の強さの不均一性が渦を生じる
- ●rot***H***は磁界の渦の方向と強さを表すベクトル

渦の方向

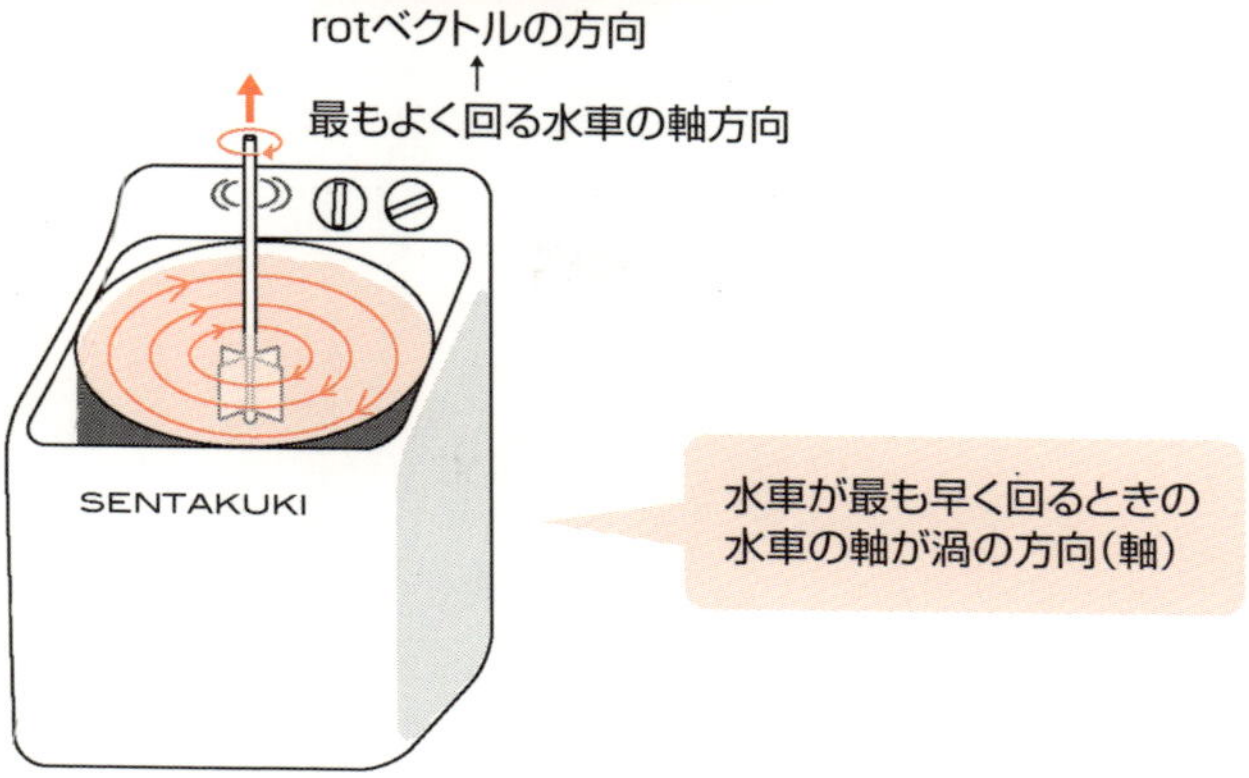

川の流れの流速分布は渦をもたらす

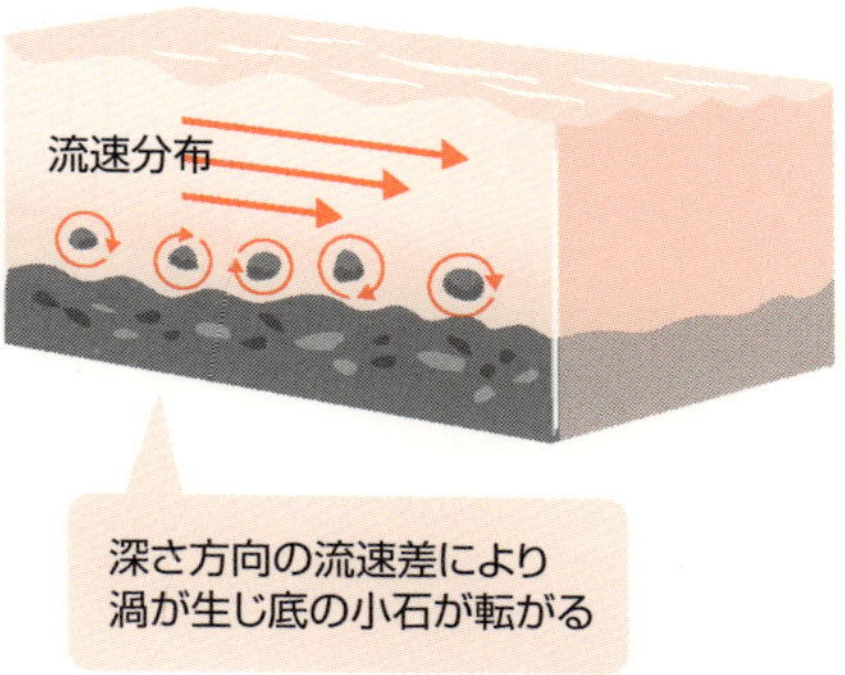

川の流れの流速分布

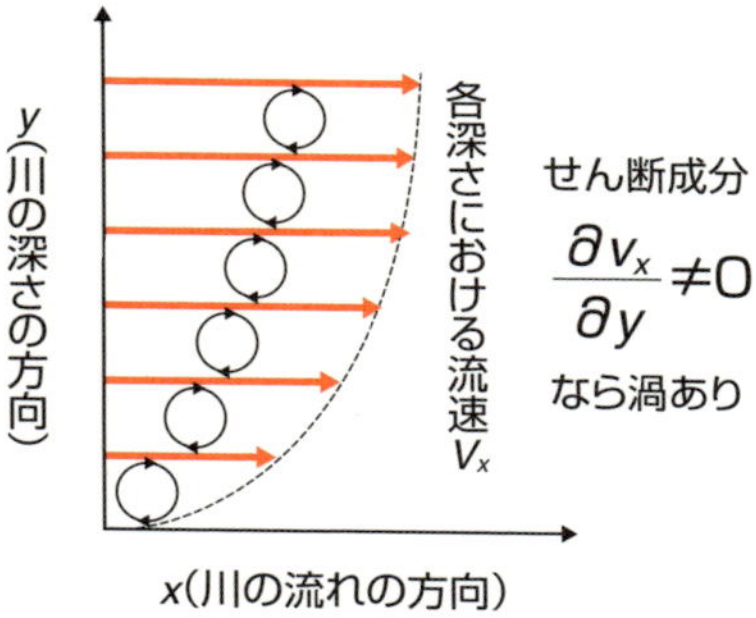

湧き出しと渦の混在する流線

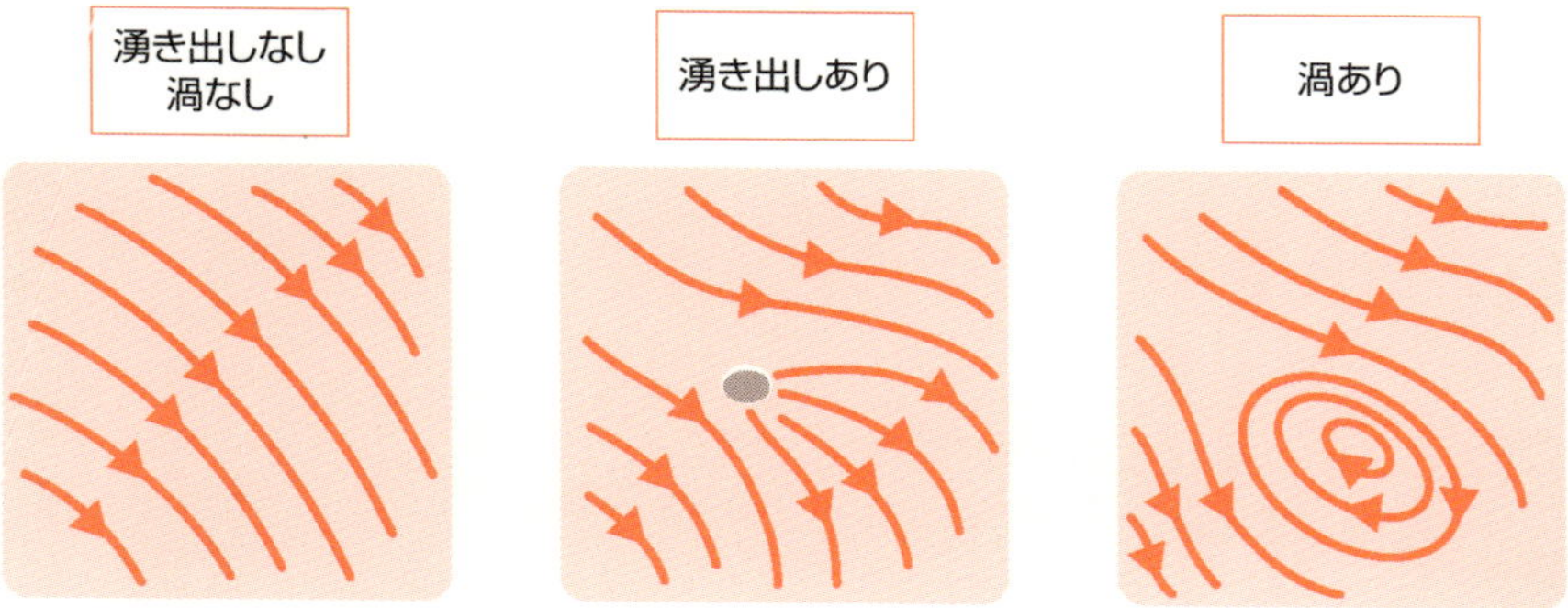

49 rot計算の簡易な表現

行列式でシンプルに表す

rotの計算式は長く煩雑ですが、行列式を用いると次のようにすっきりとシンプルに表現できます。

rot $\boldsymbol{H}$は3行3列の行列式で表すことができて、これを2行2列の行列に展開する段階を経て、元の長い式に展開する過程は次のようになります。

$$\mathrm{rot}\,\boldsymbol{H}=\begin{vmatrix}\boldsymbol{i} & \boldsymbol{j} & \boldsymbol{k}\\ (\partial/\partial x) & (\partial/\partial y) & (\partial/\partial z)\\ H_x & H_y & H_z\end{vmatrix}$$

$$=\boldsymbol{i}\begin{vmatrix}(\partial/\partial y) & (\partial/\partial z)\\ H_y & H_z\end{vmatrix}+\boldsymbol{j}\begin{vmatrix}(\partial/\partial z) & (\partial/\partial x)\\ H_z & H_x\end{vmatrix}+\boldsymbol{k}\begin{vmatrix}(\partial/\partial x) & (\partial/\partial y)\\ H_x & H_y\end{vmatrix}$$

$$=\boldsymbol{i}\left(\frac{\partial H_z}{\partial y}-\frac{\partial H_y}{\partial z}\right)+\boldsymbol{j}\left(\frac{\partial H_x}{\partial z}-\frac{\partial H_z}{\partial x}\right)+\boldsymbol{k}\left(\frac{\partial H_y}{\partial x}-\frac{\partial H_x}{\partial y}\right)$$

この式には偏微分の項が6つ含まれていますが、分母側のx、y、zと分子側の添え字x、y、zがすべてねじれの関係にあります。このようなねじれ関係の偏微分は、ずれ合うせん断成分を計算するもので、すなわちx、y、z方向の渦の強さの合計を計算する式になっています。

展開した最後の式はややこしくてとても覚えられそうにないですね。もし覚えておきたければ、整然とした最初の3行3列の行列式で覚えた方が賢明だと思います。

要点BOX

- ●rot$\boldsymbol{H}$は3次元ベクトル
- ●rot$\boldsymbol{H}$は3行3列の行列式で計算できる

行列の計算

2行2列の

$$行列A=\begin{bmatrix} a_1 & a_2 \\ b_1 & b_2 \end{bmatrix}$$

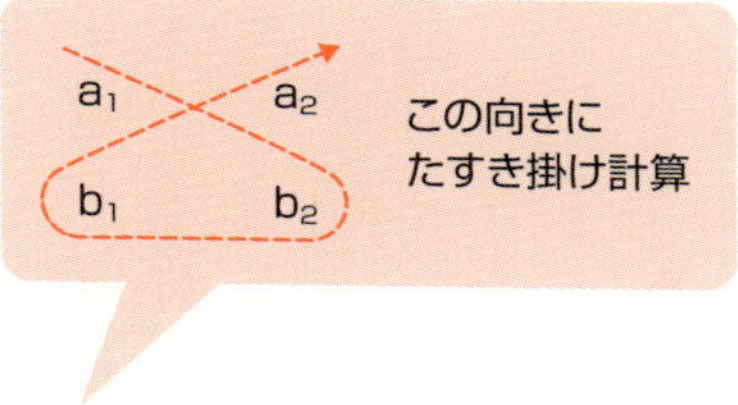

a_1 a_2
b_1 b_2
この向きに
たすき掛け計算

があるとき、行列式IAIは

$$|A|=\begin{vmatrix} a_1 & a_2 \\ b_1 & b_2 \end{vmatrix}=a_1b_2-a_2b_1$$

同様に、3行3列の行列では

$$行列A=\begin{bmatrix} a_1 & a_2 & a_3 \\ b_1 & b_2 & b_3 \\ c_1 & c_2 & c_3 \end{bmatrix}$$

3行3列から2行2列への展開方法

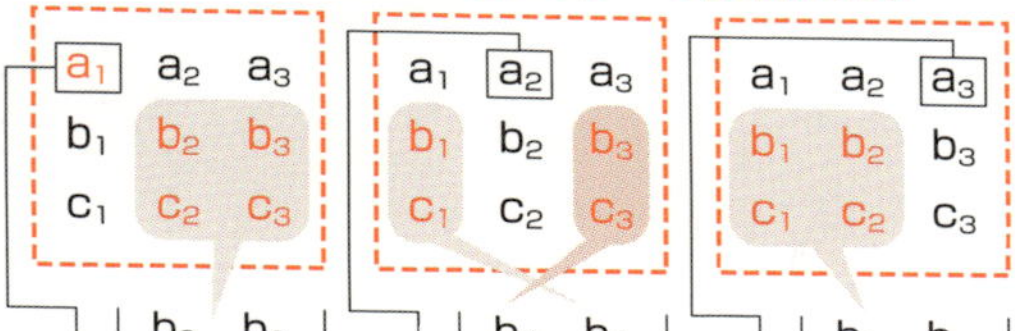

があるとき、行列式IAIは

$$|A|=\begin{vmatrix} a_1 & a_2 & a_3 \\ b_1 & b_2 & b_3 \\ c_1 & c_2 & c_3 \end{vmatrix}=a_1\begin{vmatrix} b_2 & b_3 \\ c_2 & c_3 \end{vmatrix}+a_2\begin{vmatrix} b_3 & b_1 \\ c_3 & c_1 \end{vmatrix}+a_3\begin{vmatrix} b_1 & b_2 \\ c_1 & c_2 \end{vmatrix}$$

$$=a_1(b_2c_3-b_3c_2)+a_2(b_3c_1-b_1c_3)+a_3(b_1c_2-b_2c)$$

rot*H* の行列表現

$$\mathrm{rot}\,\boldsymbol{H}=\begin{vmatrix} \boldsymbol{i} & \boldsymbol{j} & \boldsymbol{k} \\ \frac{\partial}{\partial x} & \frac{\partial}{\partial y} & \frac{\partial}{\partial z} \\ H_x & H_x & H_x \end{vmatrix}$$

$$=\boldsymbol{i}\left(\frac{\partial H_z}{\partial y}-\frac{\partial H_y}{\partial z}\right)+\boldsymbol{j}\left(\frac{\partial H_x}{\partial z}-\frac{\partial H_z}{\partial x}\right)+\boldsymbol{k}\left(\frac{\partial H_y}{\partial x}-\frac{\partial H_x}{\partial y}\right)$$

rot*H*は
行列式で表すと
シンプル!

50 円柱電流による磁界の渦と磁界

電流が磁界の渦（磁界の源）を作る

rot**H**計算の実例として、円柱状導体を流れる電流**I**の作る磁界のrotを計算してみます（左頁⑴、⑵のrot計算は煩雑なので読み飛ばしてもOKです）。

図のように十分に長い円柱状の導体（半径r_0）の断面を$x-y$平面に、電流方向をz軸にとると、磁界は導体に垂直な断面である$x-y$平面内にのみ存在し、z軸方向の磁界は存在しないので$H_z=0$です。また、円柱の長手方向に磁界は均一なので、$\partial H_y/\partial z=0$, $\partial H_x/\partial z=0$であり、結果的に

$$\mathrm{rot}\,\boldsymbol{H}=\boldsymbol{k}\{(\partial H_y/\partial x)-(\partial H_x/\partial y)\}\cdots①式$$

すなわちrot**H**はz軸成分（円柱導体の軸方向）のみを持つことがわかります。

円柱導体内と導体外とに場合分けして①式を計算すると、各々rot**H**が求まり、$\partial H_y/\partial x$と$\partial H_x/\partial y$を各々地道な偏微分計算する計算過程がややこしい割に各々シンプルな結果になります。

ここでは、その計算結果が表す意味を考えてみましょう。rot**H**計算の結果は、導体内部の電流密度ベクトルを**J**（電流と同方向）としたとき、

導体外部ではrot**H**=0

導体内部ではrot**H**=**J**

となります（**J**は電流**I**と同方向）。

一方で磁界Hについては36、37項で求めたように半径rの位置において、次の式で表されます。

導体内部で　$H=\{I/(2\pi r_0^{2})\}\,r$（直線グラフ）

導体外部で　$H=I/(2\pi r)$（双曲線グラフ）

導体内部にも外部にも磁界ができ、まとめると

［導体内］　磁界の渦あり（rot**H**=**J**）、磁界**H**あり

［導体外］　磁界の渦なし（rot**H**=0）、磁界**H**あり

導体外部に磁界の渦がないのはアンペアの法則rot**H**=**J**から当然で、導体外部には電流が存在しないのでrot**H**=**J**=0、つまり渦なしです。

電流がある場所には磁界の渦が発生し、その渦が、電流のない場所にも磁界をもたらします。

要点BOX

●円柱導体内部ではrot**H** =**J**、磁界**H**≠0

●円柱導体外部ではrot**H** =0、磁界**H**≠0

(1)円柱導体外部におけるrot計算

導体外部の点P(x, y)における磁界Hのx成分H_x、y成分H_yは、
円柱導体内の全電流をIとすると

$$H_x = -\frac{yI}{2\pi(x^2+y^2)},\quad H_y = \frac{xI}{2\pi(x^2+y^2)}$$ となるので、

$$\mathrm{rot}\ \boldsymbol{H} = \boldsymbol{k}\left(\frac{\partial H_y}{\partial x} - \frac{\partial H_x}{\partial y}\right)$$

$$= \boldsymbol{k}\left(\frac{\partial}{\partial x}\frac{xI}{2\pi(x^2+y^2)} + \frac{\partial}{\partial y}\frac{yI}{2\pi(x^2+y^2)}\right)$$

$$= \boldsymbol{k}\frac{I}{2\pi}\left(\frac{\partial}{\partial x}\frac{x}{(x^2+y^2)} + \frac{\partial}{\partial y}\frac{y}{(x^2+y^2)}\right)$$

$$= \boldsymbol{k}\frac{I}{2\pi}\left(\frac{y^2-x^2}{(x^2+y^2)^2} + \frac{x^2-y^2}{(x^2+y^2)^2}\right)$$

$$=0$$

結局、導体外部ではrot $\boldsymbol{H}=0$

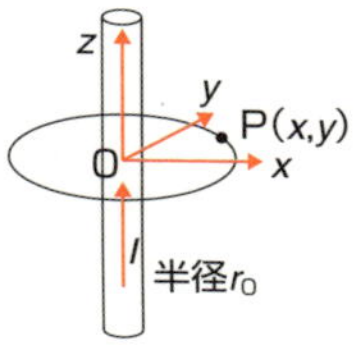

円柱導体上の
x、y、z 軸

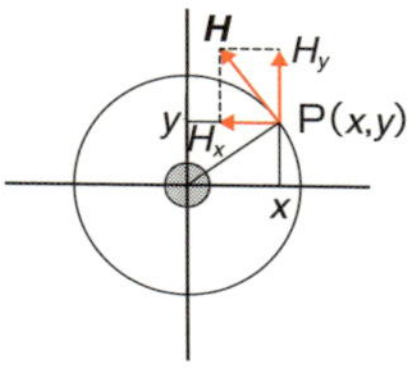

円柱導体断面図

(2)円柱導体内部におけるrot計算

導体内部の任意の点P(x, y)における磁界$\boldsymbol{H}$のx成分H_x，y成分H_yは
円柱導体の半径をr_0とすると、

$$H_x = -\frac{yI}{2\pi r_0^2},\quad H_y = \frac{xI}{2\pi r_0^2}$$ であり

導体内部の電流密度は$J = \dfrac{I}{\pi r_0^2}$ なので

$$H_x = -\frac{y}{2}\frac{I}{\pi r_0^2} = -\frac{Jy}{2}$$

$$H_y = \frac{x}{2}\frac{I}{\pi r_0^2} = \frac{Jx}{2}$$

よって

$$\mathrm{rot}\ \boldsymbol{H} = \boldsymbol{k}\left(\frac{\partial H_y}{\partial x} - \frac{\partial H_x}{\partial y}\right)$$

$$= \boldsymbol{k}\left\{\frac{\partial}{\partial x}\frac{Jx}{2} - \frac{\partial}{\partial y}\left(-\frac{Jy}{2}\right)\right\}$$

$$= \boldsymbol{k}\left(\frac{J}{2} + \frac{J}{2}\right)$$

$$= \boldsymbol{k}J = \boldsymbol{J}$$

よって導体内部ではrot$\boldsymbol{H}=\boldsymbol{J}$

rot$H$とHの大きさ

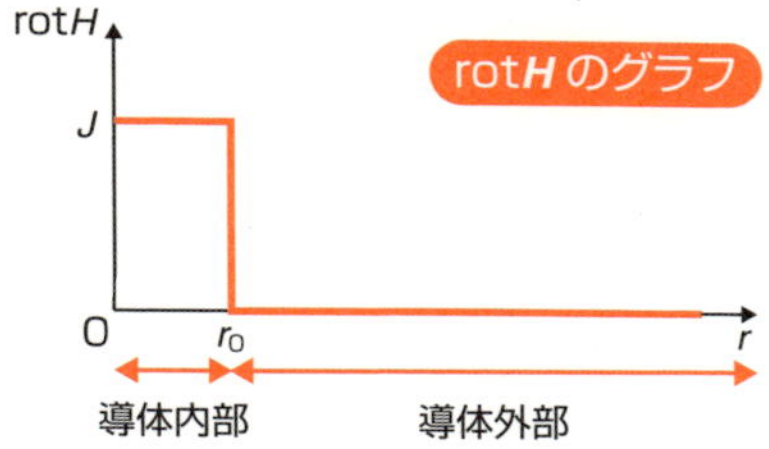

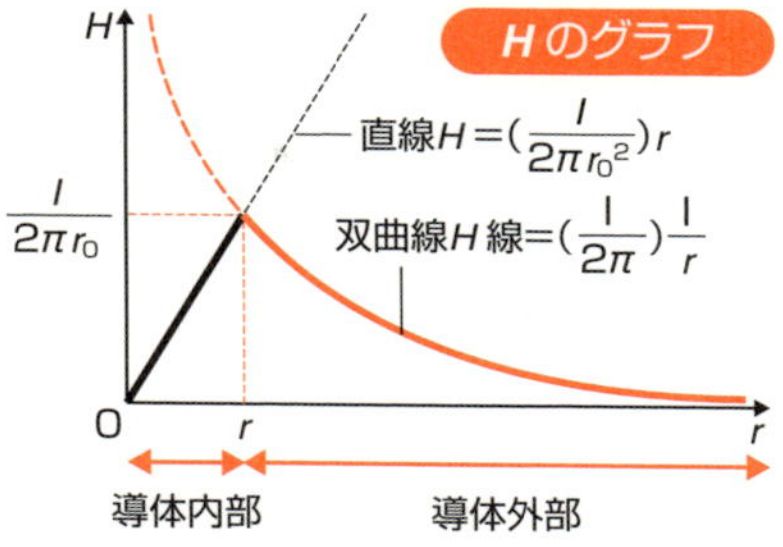

51 磁界の渦の意味

$\mathrm{rot}\,\boldsymbol{H}$は電気の世界での$\mathrm{div}\,\boldsymbol{E}$と同じ位置づけ

磁界の渦（$\mathrm{rot}\,\boldsymbol{H}$）の有無の意味がいまいちピンと来ないという読者が多いかもしれません。ここではその意味についてもう少し解説します。

円柱導線の内部では$\mathrm{rot}\,\boldsymbol{H}=\boldsymbol{J}$で、磁界の渦があり、すなわち磁界の発生源であるという説明は次のように考えてみると理解しやすいと思います。

円柱導体を流れる電流はある断面積を持っていますが、これは細い導線をある太さの円柱状になるまで束ねたものと考えることができます。この細い導線の断面積を極限まで小さくしたときに個々の微細導線が発生するミクロな渦小僧が$\mathrm{rot}\,\boldsymbol{H}$で、その供給源は電流密度$\boldsymbol{J}$ですが、電流密度$\boldsymbol{J}$をある一定の断面積に持たせたものが電流$\boldsymbol{I}$です。渦小僧$\mathrm{rot}\,\boldsymbol{H}$を多数束ねると瀬戸のうず潮のような巨大渦になり、これが導線全体で発生する渦です。巨大渦が及ぼす流れの強さと方向を、個々の場所において磁界$\boldsymbol{H}$で表現します。

導線外には電流はないので渦小僧$\mathrm{rot}\,\boldsymbol{H}$はいませんが、導線内で生まれた渦は導線外にも磁界$\boldsymbol{H}$として現れ、影響を及ぼします。ミクロな渦小僧$\mathrm{rot}\,\boldsymbol{H}$がマクロな磁界$\boldsymbol{H}$の微小な源というわけです。

これは電界におけるガウスの法則の積分形$\oint_S \boldsymbol{E}\cdot d\boldsymbol{s}=Q/\varepsilon_0$と微分形$\mathrm{div}\,\boldsymbol{E}=\rho/\varepsilon_0$の関係によく似ています。微小な電気力線源$\mathrm{div}\,\boldsymbol{E}$を多数集めた集合体をマクロな電界$\boldsymbol{E}$で表し、その供給源は電荷密度$\rho$ですが、電荷密度$\rho$をある一定体積に持たせたものはひとかたまりの電荷$Q$になります。

$\mathrm{rot}\,\boldsymbol{H}$がゼロでない地点は電流が存在している地点であり、そこには磁界の源があります。一方、ある地点で磁界$\boldsymbol{H}$がある値を持っていても$\mathrm{rot}\,\boldsymbol{H}$がゼロであれば、その地点での磁界は他の地点で生まれた磁界の影響だけで成り立っています。

要点BOX

- $\mathrm{rot}\,\boldsymbol{H}$は磁界$\boldsymbol{H}$の微小要素（渦小僧）
- 渦小僧$\mathrm{rot}\,\boldsymbol{H}$を多数束ねた巨大渦による個々の場所での磁界の強さと方向が磁界$\boldsymbol{H}$

rot*H*を束ねたものが磁界*H*

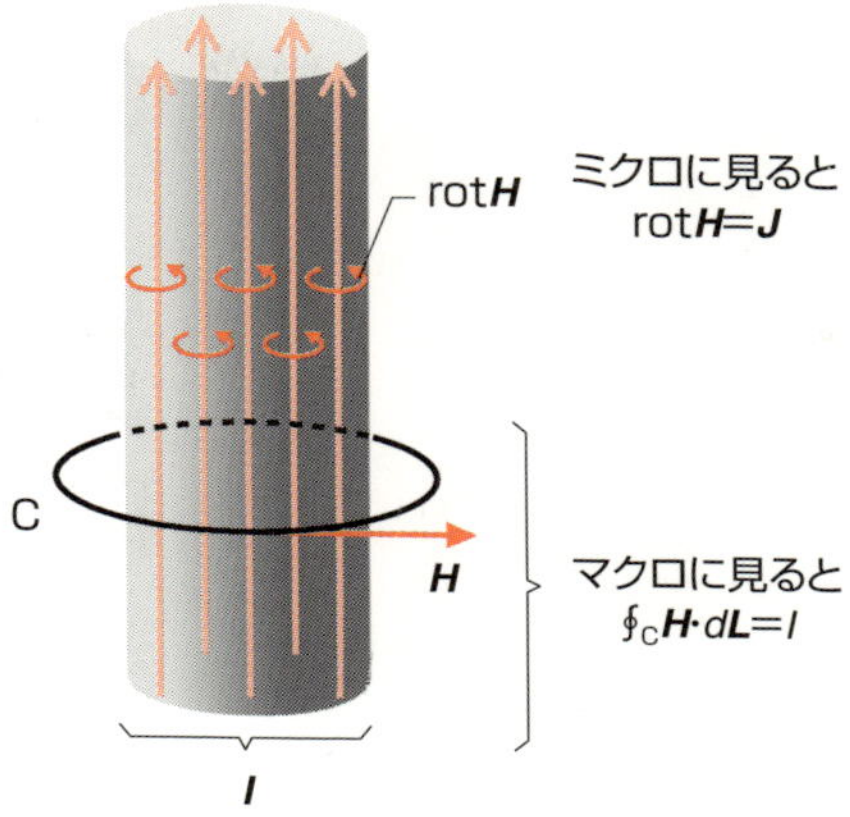

磁界*H*のミクロな構成要素はrot *H*
(電流密度*J*がその供給源)

div*E*の固まりが電界*E*

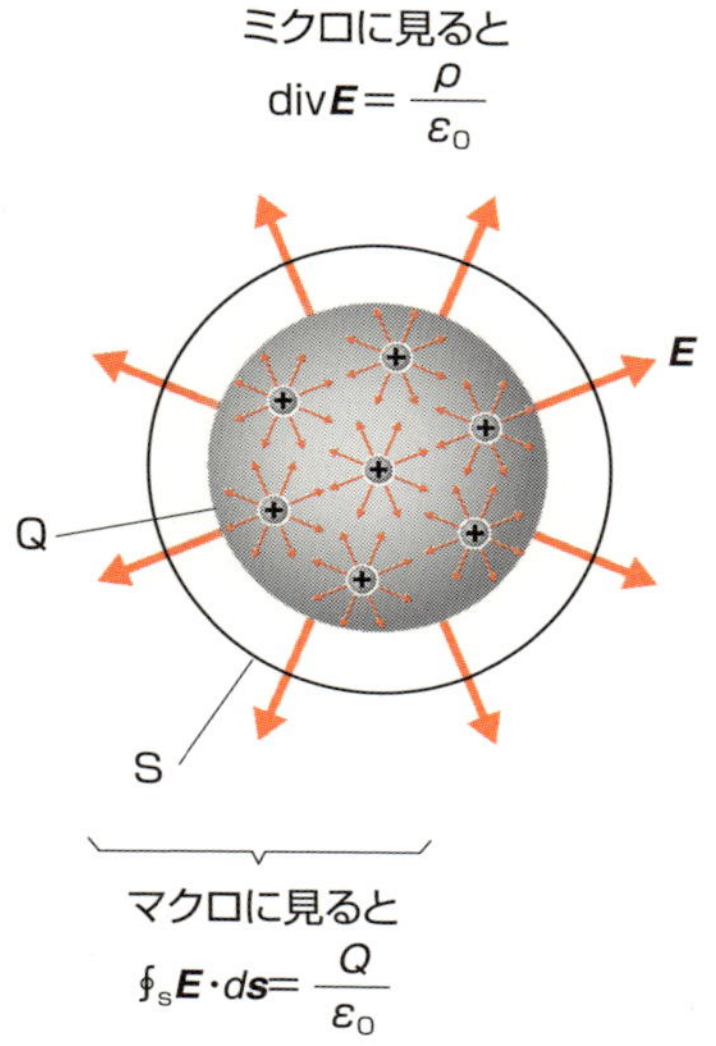

電界*E*のミクロな構成要素はdiv*E*
(電荷密度ρがその供給源)

巨大な魚かと思ってよく見たら小イワシの群れだった!

52 物質中の磁界

物質中の電界と同様に考える

磁界について実はここまで最も簡単な場合として真空中を前提に説明してきたのですが、物質中ではどう変わるのでしょうか?

33項で真空中と誘電体の電気現象の違いについて、真空の誘電率 ε_0 を一般的な誘電率 $\varepsilon=\varepsilon_0\varepsilon_s$（$\varepsilon_s$ は物質固有の比誘電率）で置き換えれば、物質中での電気現象を表すことができることを説明しました。実は物質中の磁気現象についても同様で、真空の透磁率 μ_0 を一般的な透磁率 $\mu=\mu_0\mu_s$（μ_s は物質固有の比透磁率）で置き換えれば物質中での磁気現象を表すことができます。

物質中の電界に関しては、電束密度 $\boldsymbol{D}$ と電界 $\boldsymbol{E}$ と分極 $\boldsymbol{P}$ の間に、次の関係がありました。

$$\boldsymbol{D}=\varepsilon_0\boldsymbol{E}+\boldsymbol{P}=\varepsilon_0\varepsilon_s\boldsymbol{E}$$

同様に物質中の磁界に関しては、磁束密度 $\boldsymbol{B}$ と磁界 $\boldsymbol{H}$ と磁化 $\boldsymbol{M}$ の間に次の関係があります。

$$\boldsymbol{B}=\mu_0(\boldsymbol{H}+\boldsymbol{M})=\mu_0\mu_s\boldsymbol{H}$$

物質中では原子分子レベルで正／負電荷の分布の偏り現象である分極現象が物質中の電界に影響を与えると説明しました。同様に物質中ではN／S磁荷の偏り現象である磁化現象が物質中の磁界に影響を与えます。その意味で分極と磁化は電気と磁気との間で対応する概念と言えます。

比透磁率 μ_s の値は空気でも水でもほぼ1ですので、真空とほぼ同様ですが、金属の中には μ_s の値が飛び抜けて大きいもの（鉄、ニッケル、コバルト等）があり、これらは強磁性体と呼ばれています。強磁性体においてはN／S磁荷の偏り現象（磁化）が強く起きて磁化 $\boldsymbol{M}$ が大きな値となる結果、大きな磁束密度を得ることができますので磁石の材料として活用されています。

要点BOX

- $\boldsymbol{B}=\mu_0(\boldsymbol{H}+\boldsymbol{M})=\mu_0\mu_s\boldsymbol{H}$
- μ_s は物質固有の比透磁率
- $\boldsymbol{M}$ は磁化ベクトル

磁界下に置かれた物質内の微小磁極の動き

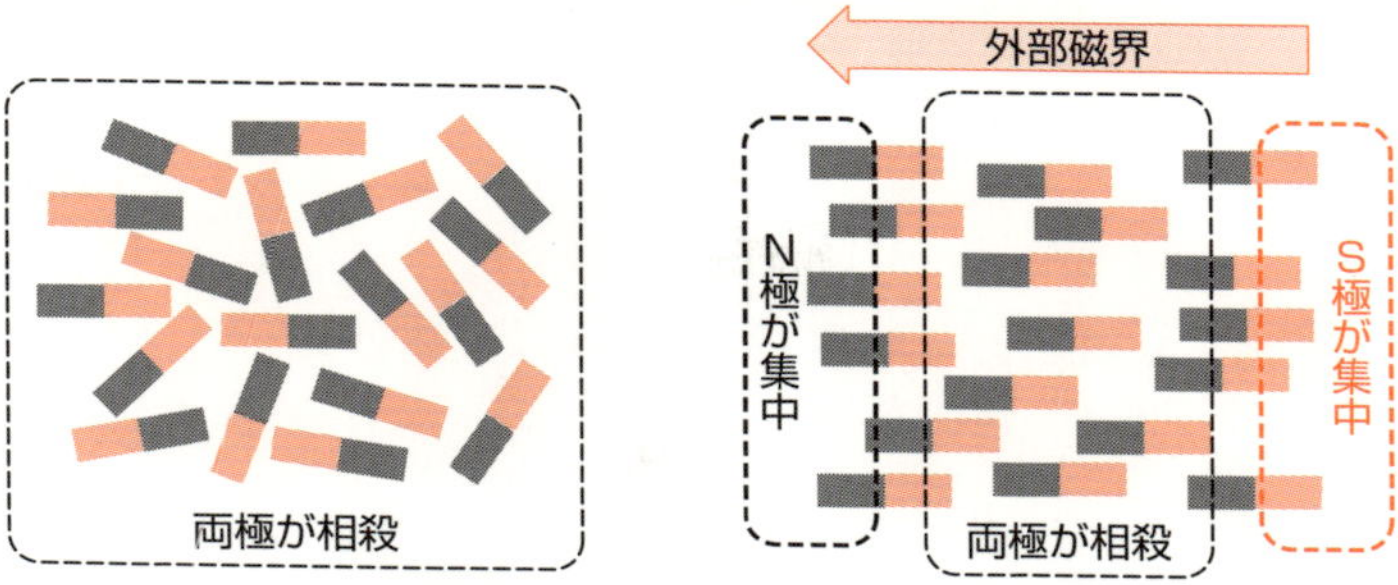

微小磁極は乱雑でN／S極は打ち消し合っている

磁界下では微小磁極が整列し、両極にN／S極が出現

比透磁率の分類と物質例

分類	比透磁率	物質例	補足
常磁性体	$\mu_s > 1$	金属類の多く	$\mu_s ≒ 1$
反磁性体	$\mu_s < 1$	水、塩化ナトリウム、水晶	$\mu_s ≒ 1$
強磁性体	$\mu_s >> 1$	鉄、コバルト、ニッケル	一般にμ_s>1000以上 (例：鉄の$\mu_s = 10^3$)

鉄芯入りソレノイドの磁束密度（強磁性体の効果の例）

n巻/mのソレノイド（電流I）の中心磁界は
$H = nI$, $B = \mu_0 H = \mu_0 nI$
比透磁率$\mu_s = 10^3$の鉄芯を挿入すると、
鉄芯内で $H = nI$, $B = \mu_0 \mu_s nI = \mu_0 nI \times 10^3$
鉄芯の挿入で磁束密度は空芯時の1,000倍に増加!

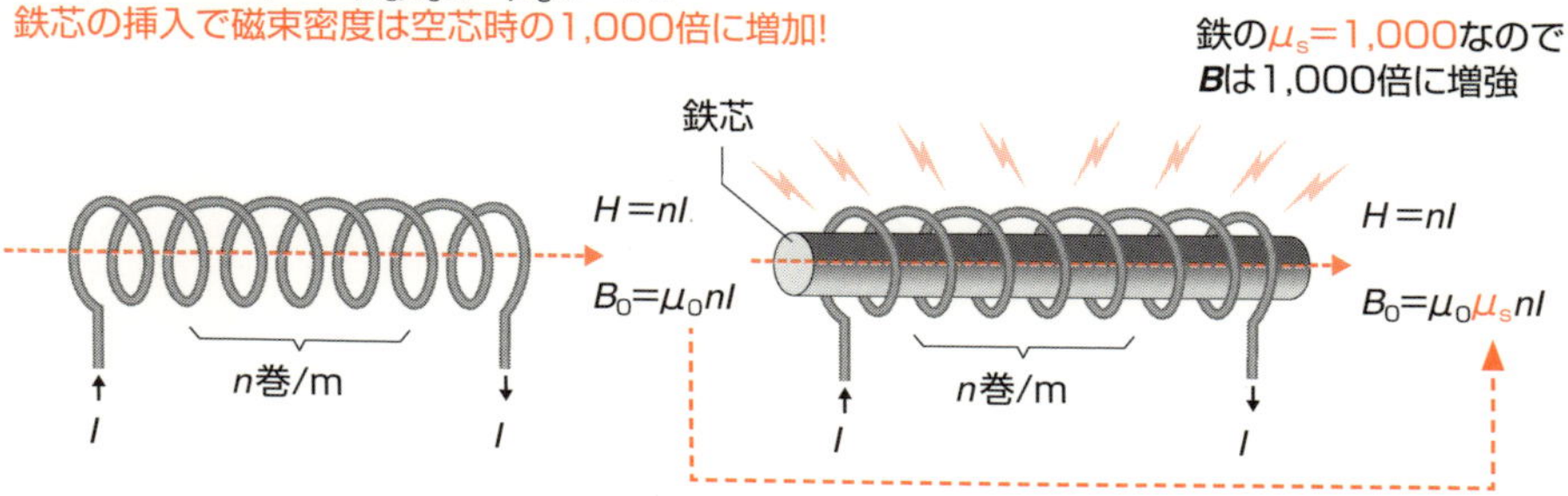

53 強磁性体の履歴現象

ヒステリシス特性

一般に比透磁率μ_sの物質中の磁束密度は$B=\mu_0\mu_s H$で表され、これはHを横軸、Bを縦軸としたとき原点0を通り、傾きが$\mu_0\mu_s$の直線グラフとなります。ところが強磁性体においては直線関係が成り立たず、Hを増加させるとBはやがて頭打ち状態になります。これは$B=\mu_0(H+M)$において磁化Mが頭打ちになるからです。強磁性体の大きな比透磁率μ_sすなわち大きな磁化Mの原因は物質内の微小磁極が外部磁界によって回転し磁界方向に整列するためですが、強い外部磁界によって微小磁極が整列し終わると、磁界を増加させても微小磁極に回転余地がなく、磁化Mが増加できなくなります。この頭打ち特性を飽和特性と言います。強磁性体ではμ_sは必ずしも一定ではないと言えます。

強磁性体に強い外部磁界を加えると、実は飽和特性よりもっとややこしいことが起こります。回転して外部磁界方向に揃った微小磁極は、外部磁界を弱めても元のバラバラ状態には戻りにくいのです。物質内の微小磁極の回転～整列には多少とも摩擦力が伴うからです。その結果、強い磁界をかけた後、磁界をゼロにしても微小磁極の整列状態がある程度残り、磁化Mが残るためBもゼロには戻りません。このときの磁束密度を残留磁気B_rと呼びます。さらに外部磁界を当初と逆方向に次第に強めていくと、やがてBはゼロとなります。このときの外部磁界を保磁力H_cと呼びます。強磁性体に外部磁界Hを加えたときの磁束密度Bは、グラフ上では図のように上り下りで異なる経路をとり、履歴特性（ヒステリシス）と呼ばれます。ヒストリー（歴史）を語源とするこの言葉は、外部磁界の過去の経緯によって現在の磁化状態が影響を受けることを象徴しています。

強磁性体に強い磁界を加えて大きな残留磁気B_rを残したものが永久磁石で、B_rが大きく、保磁力H_cも大きいほど理想的な磁石です。

要点BOX

- ●強磁性体は一定のμ_sでは規定できない
- ●強磁性体は履歴特性を示す

飽和特性

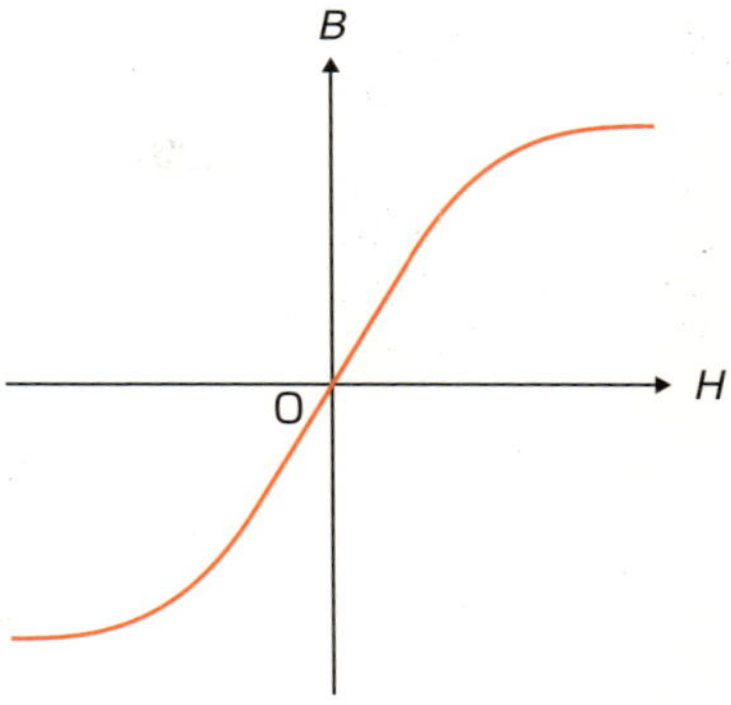

履歴特性

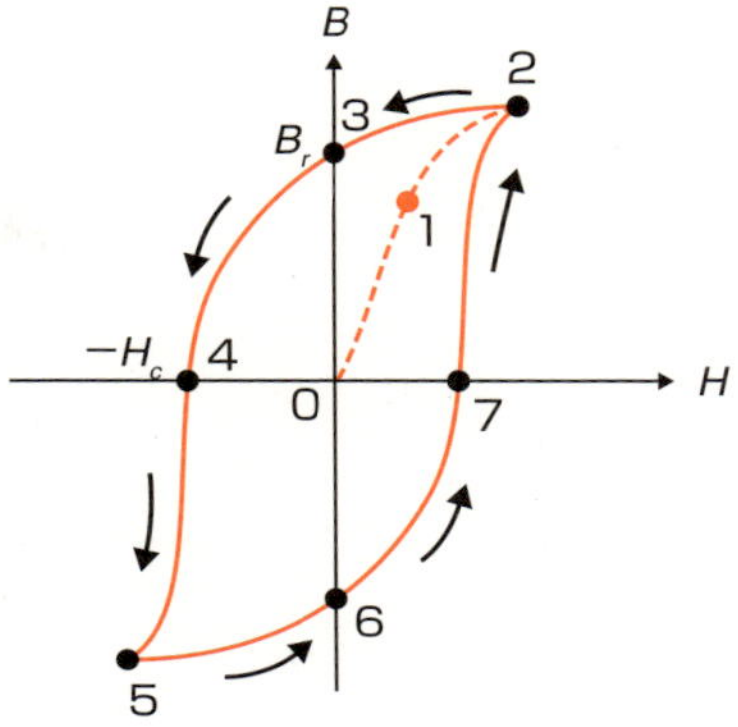

飽和特性とは?

強磁性体においてHを増加させるとやがてBは頭打ちになり一定のμ_s値による$B=\mu_0\mu_s H$関係では表せなくなる

履歴特性とは

1→2：正磁界を強めると磁束密度Bはやがて飽和
2→3：正磁界を0まで弱めたが磁束密度B_rが残留
3→4：負磁界H_cを与えたら磁束密度Bが0になる
4→5：負磁界を強めると磁束密度Bはやがて飽和
5→6：負磁界を0まで弱めたが磁束密度Bが残留
6→7：正磁界を増加させると磁束密度Bが0になる
7→2：正磁界を強めると点2に復帰

Column

演算子は文明の象徴？

人類と他の動物との決定的な差は言葉の獲得にあると言われます。そもそも個々に名前を持っているのは人類だけですし、親子まではともかく兄弟、祖父母、孫という単純な概念さえも言葉のない動物には持てると思えません。法律等に基づく社会システムも科学技術もすべて言葉の上に成り立っていることはいまさら言うまでもありません。

数学や物理で使う数値や代数記号x, y, z等はその言葉の進化形と考えることができます。リンゴ3個も人間3人も同じく$x=3$と表す抽象化によって、より複雑な思考が可能になったわけです。その延長として、電磁気で用いている演算子は極めて抽象化の進んだ言葉の進化形と考えることができます。div **A** などと書く横着をせずとも、地道に$(\partial A_x/\partial x)+(\partial A_y/\partial y)+(\partial A_z/\partial z)$と書いても良いのですが、例えば$\mathrm{rot\,rot}\,\boldsymbol{A}=\mathrm{grad\,div}\,\boldsymbol{A}-\nabla^2\boldsymbol{A}$などという便利な公式を、もし演算子なしに表現できるとしたら、微分記号で埋め尽くされた長い長い式を一体どれだけ羅列することになるのか想像もつきません。例えば偏微分記号$\partial/\partial x$はすでに高度な抽象概念ですが、divはさらにその一歩上の抽象概念として、より複雑な思考を可能にしてくれているわけです。

電磁気を難解に見せるためにわざと難しい記号を使っているのではないかと濡れ衣を着せられそうな立場の演算子ですが、湧き出し、傾き、渦を表すdiv、grad, rot等の記号は、例えば兄、祖父、孫などという記号と同じ抽象概念の進化形として考えれば、文明の象徴とも言えそうです。

第 **8** 章

電界と磁界の相互作用

54 電磁誘導の発見

ファラデーの失敗実験から

電磁誘導の法則を発見したファラデーの当初の実験（上図）は、実は大失敗でした。ファラデーがもともと期待したことはこうです。

「鉄芯の両サイドにコイルを巻いて片側のコイルに電流を流せば、鉄芯に発生した磁場によってもう一方のコイルに電流が発生し、検流計の針が振れるはず！」

残念ながら電流を示す検流計の針の振れは観測されず、期待は裏切られました。でも、さすがはファラデー、小さな兆候を見逃さなかったのです。検流計の針はぴくりとも動かなかったのではなく、電池とコイルの間のスイッチを入れた瞬間と切った瞬間にだけは一瞬ぴくりと動いていたのです。

ファラデーは一方のコイルの電流をＯＮにした瞬間と電流をＯＦＦにした瞬間にだけ、もう一方のコイルに電流が発生することに鋭く気づきました。このことから、彼は当初期待していた一定の磁場ではなく磁場の強度変化が電流を発生することを見抜いたのです。これがファラデーの電磁誘導の発見経緯です（もっともらしく脚色していますが）。

電磁誘導の本質部分は下図のように棒磁石とループコイルの関係で説明できます。棒磁石から出る磁束線がループコイルの内側を通過する本数に着目してください。ループの内側を通過する磁束線の本数は、棒磁石をコイルに近づけていく過程で増加し、コイルから遠ざけていく過程では減少します。

ループコイルは自身の内側の磁束が一定のときには電流を生じませんが、磁束が増えるときと減るときには電流（増加時と減少時で逆向き）を生じます。これが電磁誘導現象の本質です。

電磁誘導現象の発見は、電磁気学の発展上における画期的な一歩です。電界と磁界の相互作用に関するファデラーの発見は、マクスウェルによる電磁界理論完成と電磁波の発見につながっていきました。

要点BOX
- ●直流の一定電流では電磁誘導は起こせない
- ●ループコイルを貫く磁束の増減がコイルに電流を生じさせる

ファラデーの失敗実験

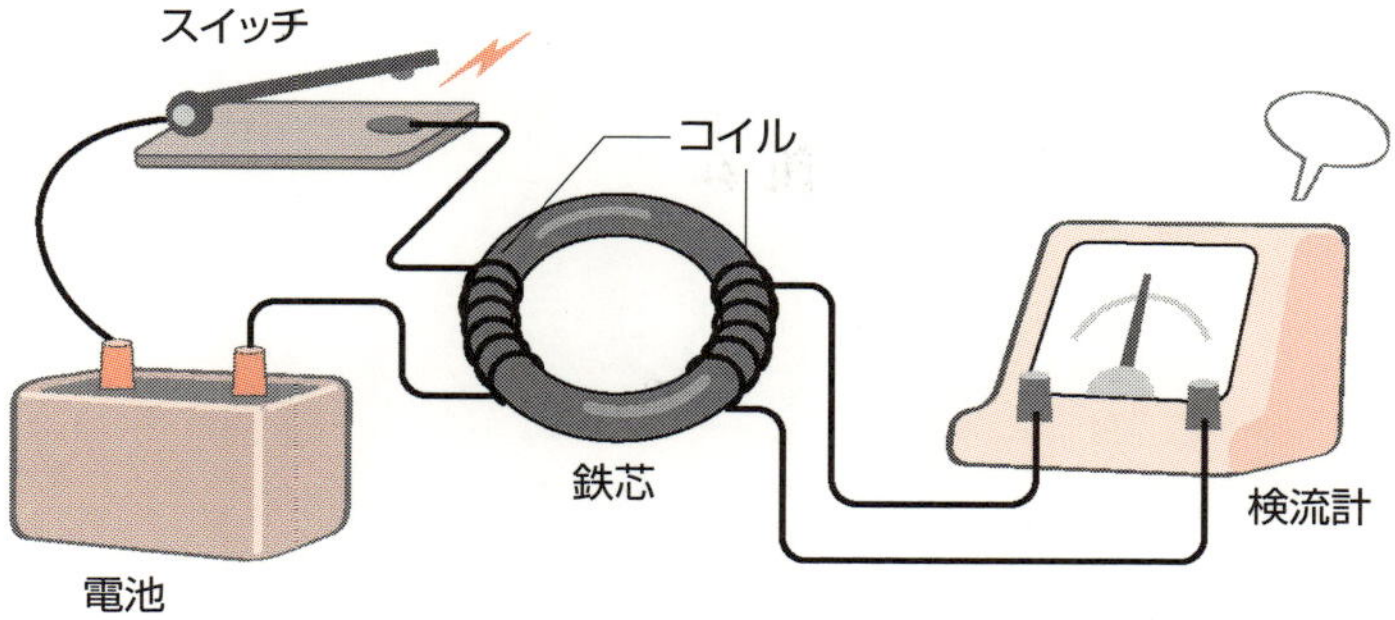
スイッチ
コイル
鉄芯
検流計
電池

- スイッチを入れて一定電流を流しても検流計の針は振れなかった
- スイッチON/OFFの瞬間のみ針が動いた

ファラデー

磁束の変化が電流を発生させる

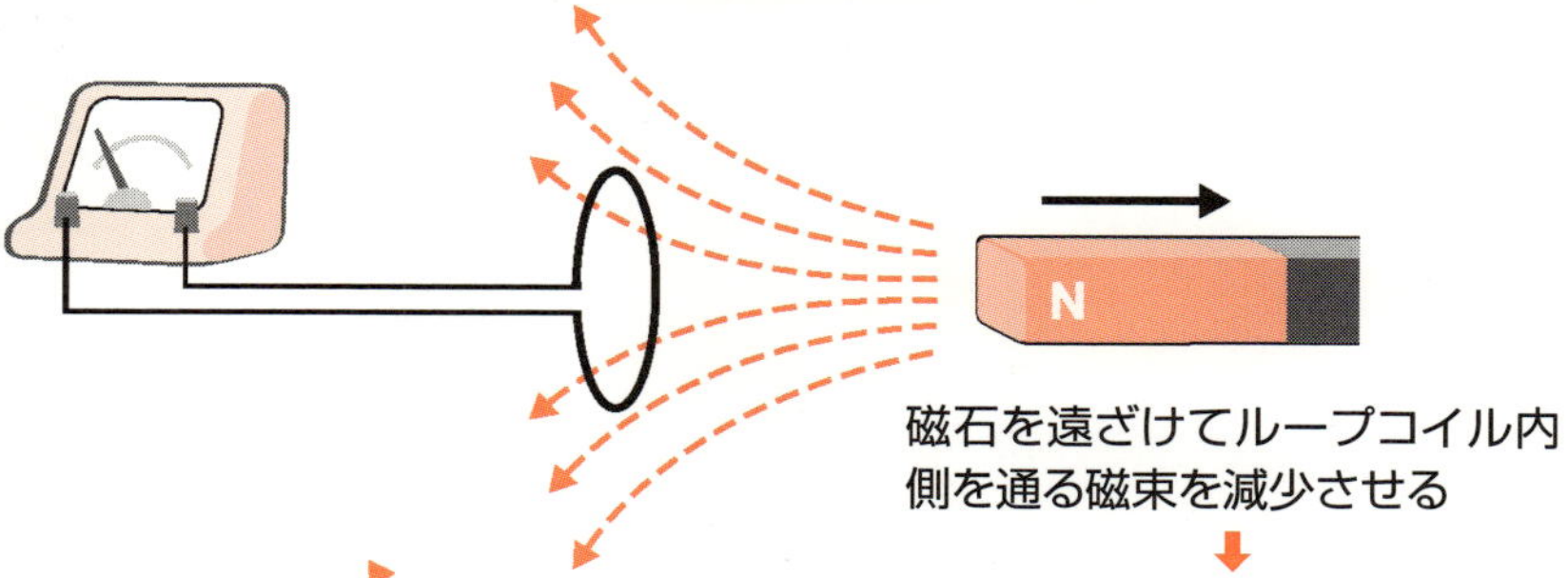
N
磁石を遠ざけてループコイル内側を通る磁束を減少させる
ループコイルに電流発生

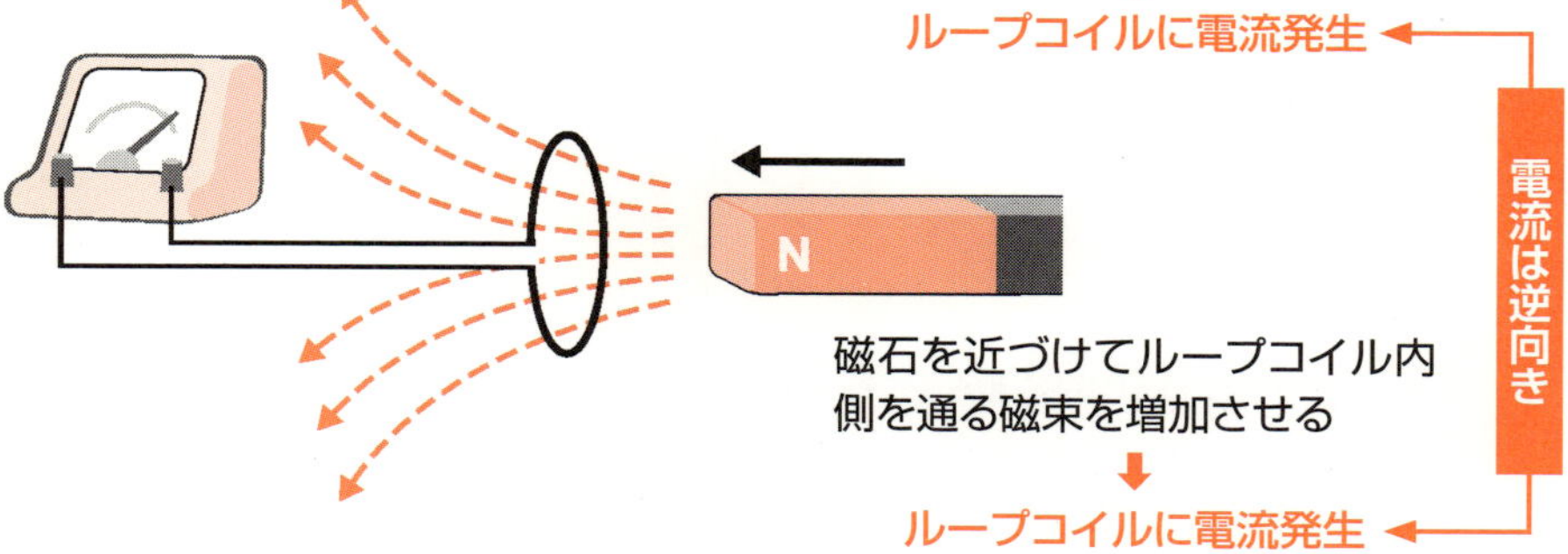
N
磁石を近づけてループコイル内側を通る磁束を増加させる
ループコイルに電流発生
電流は逆向き

55 ファラデー電磁誘導の法則

電磁誘導の定量表現

上図のように鉄芯の両サイドにコイル1（n_1巻）とコイル2（n_2巻）が巻き付けてあるとき、コイル1の端子1、2間に電源をつないで交流電流I_1を流すと、電磁誘導によってコイル2の端子3、4間に起電力U（電圧）が生じ、端子3、4間に抵抗等をつないでおけば交流電流I_2が流れます。コイル1の電流I_1が鉄芯中に形成する磁束をΦ_1とすれば、コイル2に生じる起電力Uは次のとおりです。

$$U = -d(n_2\Phi_1)/dt \text{ [V]}$$

この式は、起電力Uがコイルが囲む磁束の変化速度（時間微分）に等しいことを示しています。負号が付いているのは、起電力Uは磁束Φ_1の時間的変化を妨げる向きに生じることを示しています。

「妨げる向き」の意味は少々ややこしい説明になります。コイル2に電磁誘導による起電力が生じて電流I_2が流れた結果として、コイル2も磁場を発生しますが、コイル2が鉄芯中に形成する磁束をΦ_2としたとき、磁束Φ_2が磁束Φ_1の増減を埋め合わせてΦ_1の増減速度を低下させる向きに起電力Uが生じることを、「妨げる向き」として負号で表しています。

この電磁誘導現象の本質部分は、下図のように単純化して表すことができます。図のように金魚すくいの針金枠のようなループ状導線の内側を通過する鎖交磁束Φが導線に発生させる起電力Uとしたとき、Uは次式で表され、ループ状導線と鎖交する磁束Φの時間変化の大きさに従う起電力Uが導線両端に生じます。

$$U = -d\Phi/dt$$

ここで鎖交とは互いに鎖状に絡み合う関係を意味し、鎖交磁束とはループ状導線と鎖交関係にある磁束のことを指します。起電力Uはやはり磁束Φの時間的変化を妨げる向きに生じます。

要点BOX

- 起電力$U = -d\Phi/dt$
- Uは磁束Φの時間変化を妨げる向き

電磁誘導の定量表現

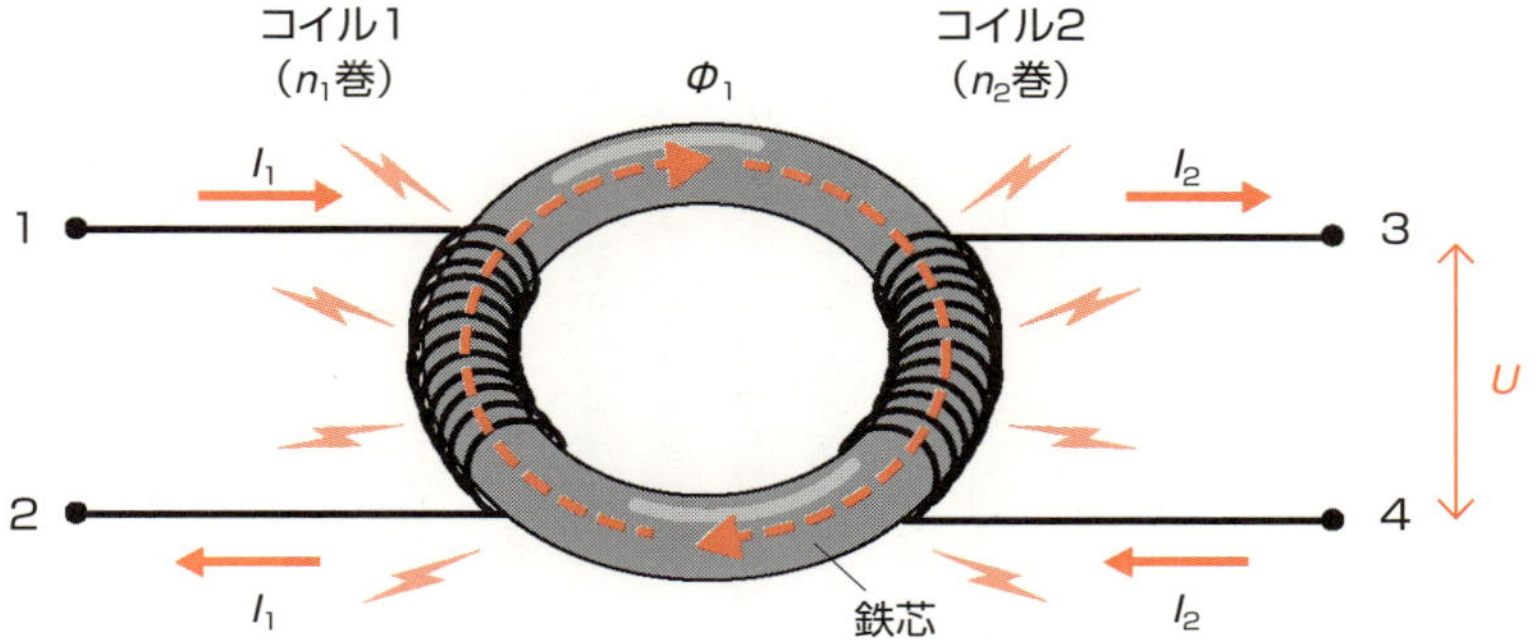

$$U = -\frac{d}{dt}(n_2\Phi_1)\ [\mathrm{V}]$$

コイル1に交流を流す

↓

鉄芯の磁束Φ_1が増減

⬇

コイル2に起電力Uが発生

鎖交磁束

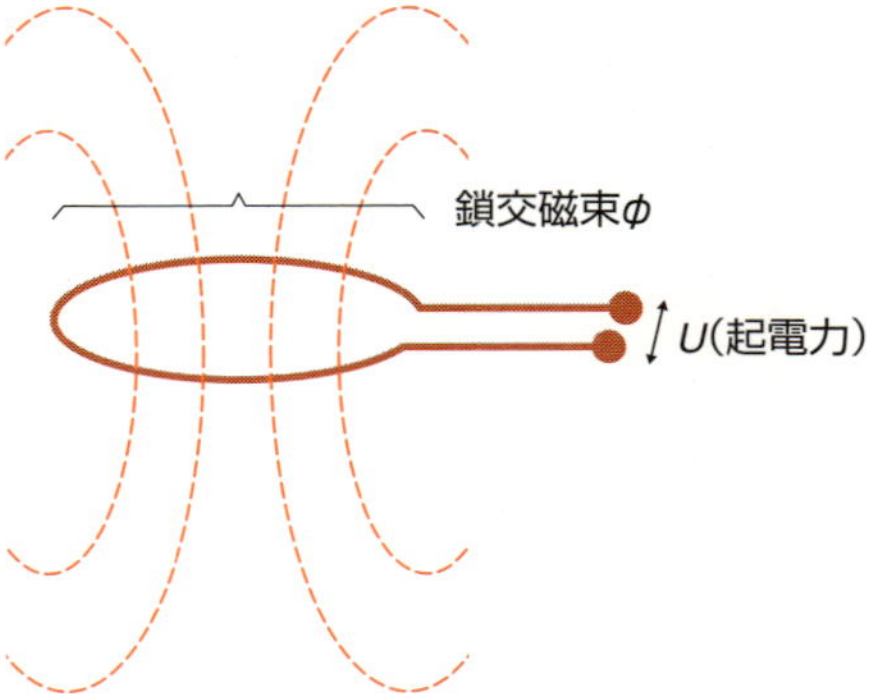

$$U = -\frac{d\phi}{dt}\ [\mathrm{V}]$$

鎖交関係

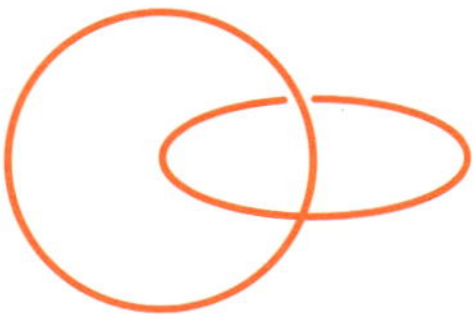

ループ状導線と鎖交する磁束Φの時間変化の大きさに従う起電力Uが導線両端に生じる。

56 マクスウェルの方程式とは

電磁気現象を4つの式ですべてカバーする

本書の冒頭でも述べましたが、電磁気と言えばマクスウェルの方程式。マクスウェルの方程式が理解できたら「電磁気はわかった!」と胸を張れます。マクスウェル方程式は一般に難しい印象を持たれている割に、実はさほど難解でもないのです。

マクスウェルの方程式とは一般に、第1式～第4式の4つの方程式のセットのことを言います。

このマクスウェル方程式が重要なのは、あらゆる電磁気現象が、この4つの式により網羅されているからです。これまで色々な公式を紹介してきたのに、実はこの4つだけで良かったと言われるのは肩すかしと感じられるかもしれません。もちろん各々の公式は種々の場面で便利に利用できることに変わりはありません。でも電磁気現象の本質を表すのに、最低限いくつの式が必要かと言われれば、この4つで良いのです。それでマクスウェルの方程式が電磁気の代表選手のように扱われるのです。

実を言うと、マクスウェルが新たに発見した式は第2式だけで、実は他の式は本書でも紹介済みの既存の式かその変形版です。しかし、新たに第2式を加えた4つの式のセットで電磁気現象をすべて記述できることを見いだし、さらにこの4つの式から電磁波の存在まで予言して見せたところが、マクスウェルの偉大な業績です。

さて、マクスウェルの4つの方程式を1つずつ確認していきましょう。簡単な式から始めます。まずは第3式です。

$$\mathrm{div}\,\boldsymbol{D} = \rho$$

この式は、$\mathrm{div}\,\boldsymbol{E} = \rho/\varepsilon_0$からと$\boldsymbol{D} = \varepsilon_0\boldsymbol{E}$の関係を使って簡単に誘導できます。すなわち、第3式は単にガウスの法則を電界$\boldsymbol{E}$ではなく電束密度$\boldsymbol{D}$で表しただけの式です。つまり第3式はガウスの法則（微分形）そのものです。

要点BOX

●$\mathrm{div}\,\boldsymbol{D} = \rho$はガウスの法則の電束表示

マクスウェルの方程式

第1式　$\mathrm{rot}\,\boldsymbol{E} = -\dfrac{\partial \boldsymbol{B}}{\partial t}$

第2式　$\mathrm{rot}\,\boldsymbol{H} = \boldsymbol{J} + \dfrac{\partial \boldsymbol{D}}{\partial t}$

第3式　$\mathrm{div}\,\boldsymbol{D} = \rho$

第4式　$\mathrm{div}\,\boldsymbol{B} = 0$

マクスウェルが発見した
新法則は第2式

div $\boldsymbol{D} = \rho$の導出

ガウスの法則（微分形）

$\mathrm{div}\,\boldsymbol{E} = \dfrac{\rho}{\varepsilon_0}$　…①

において

$\boldsymbol{D} = \varepsilon_0 \boldsymbol{E}$なので

$\boldsymbol{E} = \dfrac{\boldsymbol{D}}{\varepsilon_0}$　…②

②式の$\boldsymbol{E}$を①式に代入して

$\mathrm{div}\left(\dfrac{\boldsymbol{D}}{\varepsilon_0}\right) = \dfrac{\rho}{\varepsilon_0}$

両辺のε_0がキャンセルできて

$\mathrm{div}\,\boldsymbol{D} = \rho$

	場の表現方法	
	場の強さ	源の密度
電気	電界E (V/m)	電束密度D (C/m^2)
磁気	磁界H (A/m)	磁束密度B (Wb/ m^2)

57 マクスウェル方程式の導出

ファラデーの法則の積分表示

第3式と同様に見た目も簡単なのは次の第4式です。

$\mathrm{div}\,\boldsymbol{B} = 0$

実はこの式は40項で紹介済みです。磁束密度は常に閉じたループ状で湧き出しも吸い込みもないことを示す式として説明しましたが、これは結局磁界に関するガウスの方程式と言えます。

今度は次の第1式について説明します。

$\mathrm{rot}\,\boldsymbol{E} = -\partial \boldsymbol{B}/\partial t$

54項ですでに紹介したファラデー電磁誘導の法則は、$U = -d\phi/dt$ です。この式は時間微分の式ですが、空間的には実は積分形です。そのことについて少しじっくり説明しましょう。

図のように隣接するA点とB点を両端とするループ状導線における電磁誘導現象を考えることにして、次のように記号を決めておきます。

C：A点とB点を無限に近づけたループ状経路

S：ループCで囲まれる平面

$d\boldsymbol{s}$：S上の微小面に垂直な微小面素ベクトル

$\boldsymbol{B}$：S上の微小面素における磁束密度ベクトル

$d\boldsymbol{L}$：経路C上の微小経路ベクトル

$\boldsymbol{E}$：微小経路上の電界ベクトル

ϕ：経路Cの内側の（経路Cと鎖交する）磁束

まず$U = -d\phi/dt$の右辺ですが、ϕは鎖交磁束と説明しました。この鎖交磁束を定量的に考えると、$\phi = \oint_S \boldsymbol{B}\cdot d\boldsymbol{s}$と表すことができます。

一方、$U = -d\phi/dt$ の左辺のUは、電位の定義式に戻って考えると$U = \oint_C \boldsymbol{E}\cdot d\boldsymbol{L}$となります。

従って$U = -d\phi/dt$ は

$\oint_C \boldsymbol{E}\cdot d\boldsymbol{L} = -(\partial/\partial t)\oint_S \boldsymbol{B}\cdot d\boldsymbol{s}$

と書けることになります。

ちなみに式をd/dt ではなく偏微分記号$\partial/\partial t$で表記したのは、時間だけを変数として微分することを明確に表記するためです。

要点BOX

- $\mathrm{div}\,B = 0$ は磁場のガウスの法則
- $U = -d\phi/dt \rightleftarrows \oint_C \boldsymbol{E}\cdot d\boldsymbol{L} = \partial/\partial t \oint_S \boldsymbol{B}\cdot d\boldsymbol{s}$

$U=-d\Phi/dt$の右辺の積分表示の導出

図中のループCの内部を通過する磁束Φはループの面積をSとすれば次式で表される。

$$\Phi=\oint_S \boldsymbol{B}\cdot d\boldsymbol{s} \quad \cdots(a)$$

$d\boldsymbol{s}$:面S内の微小面を表す面素ベクトル
$\boldsymbol{B}$:その微小面内の磁束密度

ファデラー法則の積分表示

(a)式と(b)式を合わせて

$$\oint_C \boldsymbol{E}\cdot d\boldsymbol{L}=-\frac{\partial}{\partial t}\oint_S \boldsymbol{B}\cdot d\boldsymbol{s}$$

$U=-d\Phi/dt$の左辺の積分表示の導出

図中ループ端のB点のA点に対する電位V_{BA}は、

$$V_{BA}=\int_B^A \boldsymbol{E}\cdot d\boldsymbol{L}$$

$d\boldsymbol{L}$: 微小経路ベクトル
$\boldsymbol{E}$: 微小経路上の電界ベクトル

2点A, Bを無限に近づけて閉じた経路Cと見なせる極限において

$$V_{BA}=\oint_C \boldsymbol{E}\cdot d\boldsymbol{L}$$

このときのV_{BA}が起電力Uに相当するので、

$$U=\oint_C \boldsymbol{E}\cdot d\boldsymbol{L} \quad \cdots(b)$$

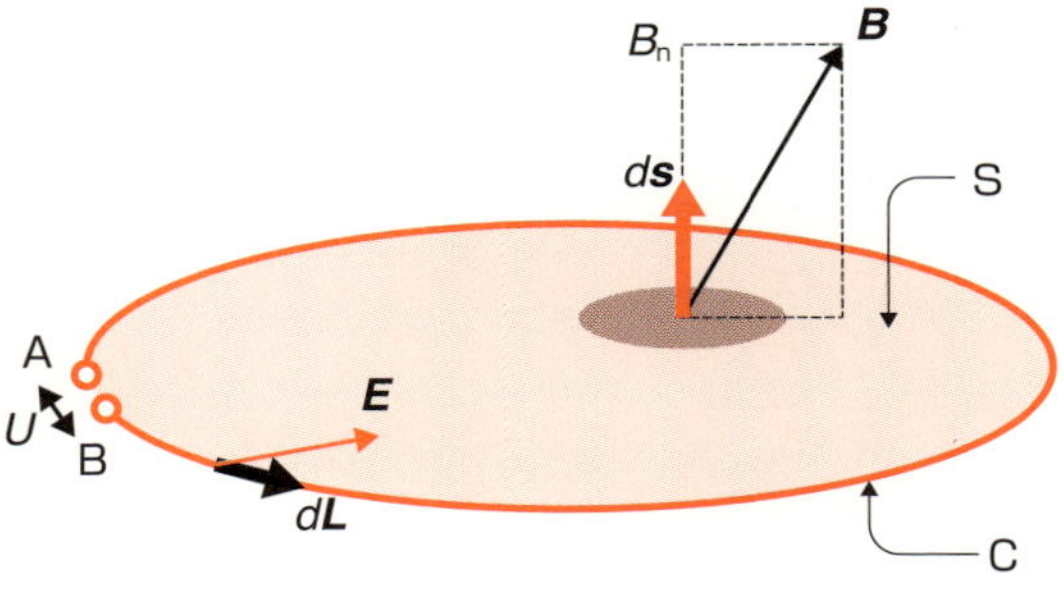
B_n
$\boldsymbol{B}$
$d\boldsymbol{s}$
S
A
U
B
$\boldsymbol{E}$
$d\boldsymbol{L}$
C

ファラデーの法則 $U=-\dfrac{\partial\Phi}{\partial t}$ はシンプルで好きだったけど、数学的に厳密に表現するとこうなっちゃうのね。確かに積分形!

58 マクスウェル方程式の完成

マクスウェルの見つけた最後のピース

ファラデーの法則の積分表示

$$\oint_C \boldsymbol{E}\cdot d\boldsymbol{L} = -(\partial/\partial t)\oint_S \boldsymbol{B}\cdot d\boldsymbol{s}$$

はストークスの定理を適用して両辺を面積分に統一すると積分記号から〝解放〟され、微分形としての第1式 rot $\boldsymbol{E} = -(\partial \boldsymbol{B}/\partial t)$が得られます。その導出過程を左頁に詳述しました。さて残りは次の第2式です。

$$\mathrm{rot}\ \boldsymbol{H} = \boldsymbol{J} + (\partial \boldsymbol{D}/\partial t)$$

ここでマクスウェルが考えた道筋をたどってみましょう。ファラデー電磁誘導の法則rot $\boldsymbol{E} = -(\partial \boldsymbol{B}/\partial t)$ は「磁界の時間変化は電界を発生させる」ことを示しています。マクスウェルはこう考えたでしょう。「磁界の時間変化が電界を発生させるなら、逆に電界の時間変化は磁界を発生させるはず。だとすればrot $\boldsymbol{H} = \partial \boldsymbol{D}/\partial t$ が成立すべき!」

さてここで最後の課題です。磁界$\boldsymbol{H}$に関してはすでにアンペアの法則 rot $\boldsymbol{H}=\boldsymbol{J}$ があります。アンペアの式と rot $\boldsymbol{H} = (\partial \boldsymbol{D}/\partial t)$ は両立しないように思えます。マクスウェルは2つの式の右辺を足してしまいました。すなわち次のとおりです。

$$\mathrm{rot}\ \boldsymbol{H} = \boldsymbol{J} + (\partial \boldsymbol{D}/\partial t)$$

この操作は強引に見えて実は極めて合理的です。この式は電流密度$\boldsymbol{J}$がゼロならrot $\boldsymbol{H} = (\partial \boldsymbol{D}/\partial t)$となり、$\partial \boldsymbol{D}/\partial t$がゼロならrot $\boldsymbol{H}=\boldsymbol{J}$となります。すなわち、この式はどちらの式にも変貌できます。この式はアンペアの式にマクスウェルが項を追加したことから「アンペア・マクスウェルの法則」と呼ばれます。

$\partial \boldsymbol{D}/\partial t$ の項は電流密度$\boldsymbol{J}$と同じ次元を持ち、電流密度と同じく磁界発生効果を持つことから「変位電流」と呼ばれます。マクスウェルはこの式を加えた4つの式ですべての電磁気現象を記述できると述べました。その主張の正しさは、マクスウェルがこの4つの式を用いて導いた電磁波の理論的存在が、その後ヘルツが実験で確認して立証されました。

要点BOX

- ●ストークスの定理：$\oint_C \boldsymbol{A}\cdot d\boldsymbol{L} = \oint_S (\mathrm{rot}\ \boldsymbol{A})\cdot d\boldsymbol{s}$（面積分と線積分の変換式 ）
- ●時間変化する電界は磁界を発生させる

ストークスの定理

ストークスの定理
$\oint_c \boldsymbol{A}\cdot d\boldsymbol{L} = \oint_s (\mathrm{rot}\ \boldsymbol{A})\cdot d\boldsymbol{s}$は、
任意のベクトル$\boldsymbol{A}$について
「面積分」⇄「線積分」を
相互に変換できる便利な公式

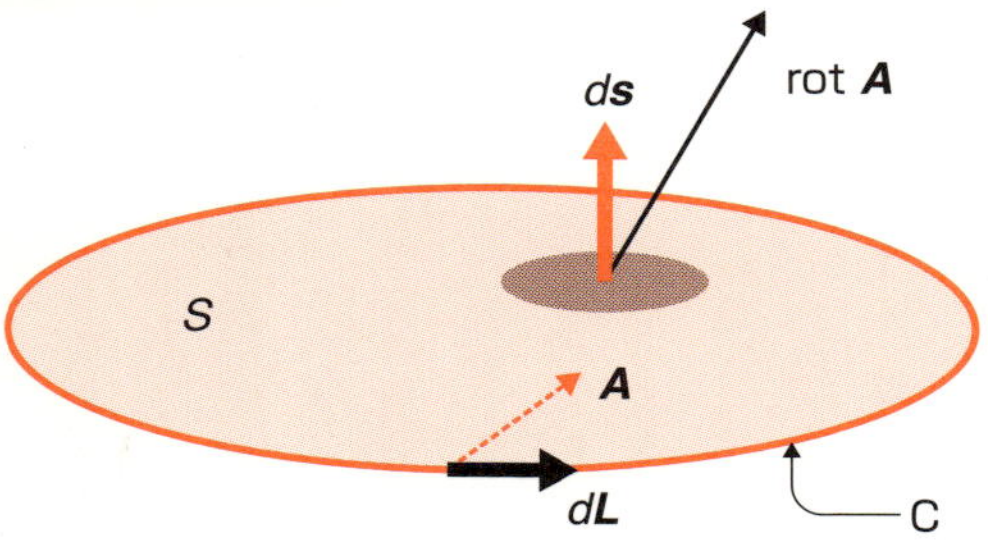

「ある面S内の rot$\boldsymbol{A}$の総和$\oint_s (\mathrm{rot}\ \boldsymbol{A})\cdot d\boldsymbol{s}$は、面$S$の周囲線C上での$\boldsymbol{A}$の一周線積分$\oint_c \boldsymbol{A}\cdot d\boldsymbol{L}$に等しい」

ストークスの定理による第1式 rot$\boldsymbol{E}$=−($\partial \boldsymbol{B}/\partial t$)導出

ファラデー電磁誘導の法則の積分表示 $\oint_c \boldsymbol{E}\cdot d\boldsymbol{L} = -\frac{\partial}{\partial t}\oint_s \boldsymbol{B}\cdot d\boldsymbol{s}$…①

ストークスの定理により左辺を面積分に変換すると $\oint_c \boldsymbol{E}\cdot d\boldsymbol{L} = \oint_s (\mathrm{rot}\ \boldsymbol{E})\cdot d\boldsymbol{s}$…②

②式を①式に代入して、$\oint_s (\mathrm{rot}\ \boldsymbol{E})\cdot d\boldsymbol{s} = -\frac{\partial}{\partial t}\oint_s \boldsymbol{B}\cdot d\boldsymbol{s}$　(両辺を面積分に統一できた!)

右辺において空間積分と時間微分の順序を交換して、$\oint_s (\mathrm{rot}\ \boldsymbol{E})\cdot d\boldsymbol{s} = \oint_s \left(-\frac{\partial \boldsymbol{B}}{\partial t}\right)\cdot d\boldsymbol{s}$

積分の中身が両辺で等しくなければならないので、

$\mathrm{rot}\ \boldsymbol{E} = -\frac{\partial \boldsymbol{B}}{\partial t}$　←マクスウェルの第1式

マクスウェル第2式に至る着想

「磁界の時間変化が電界を発生させる」

↓

「電界の時間変化は磁界を発生させる」
に違いない!

59 マクスウェル方程式の色々な表し方

4つの式で電界／磁界の時間／空間的性質を網羅

マクスウェルの4つの式の出所や導出についての確認を終えたところで、改めて各式の役割を整理してみましょう。

まず、ここまでマクスウェルの方程式は電流や電荷が存在する一般の場合について説明してきましたが、もう一段シンプルな条件下ではどうなるか考えてみます。電流も電荷も存在しない$J=0$, $\rho=0$の場合です。この場合、表に記したように第2式と第3式がもう一段シンプルになり、電界と磁界に関する式の対称性がますます鮮明になります。

マクスウェルの式は縦に4つ羅列して紹介するのが通例ですが、2×2の表にして整理すると、各々の式の役割がよくわかります。［電界、磁界］の［時間的、空間的］性質を表すのに、2×2=4つの式が必要十分というわけです。具体的には、第3式$\mathrm{div}\,\boldsymbol{D}=0$と第4式$\mathrm{div}\,\boldsymbol{B}=0$は各々電界と磁界の、いずれも空間的性質を表す式として空間座標（x, y, z）に関する微分形式になっています。一方、第1式$\mathrm{rot}\,\boldsymbol{E}=-(\partial\boldsymbol{B}/\partial t)$と第2式$\mathrm{rot}\,\boldsymbol{H}=(\partial\boldsymbol{D}/\partial t)$は電界と磁界のいずれも時間的性質を表す式として時間tに関する微分形式になっています。

ちなみに、マクスウェルの式において電界と磁界の表現方法として各々2種類ずつ（$\boldsymbol{E}$、$\boldsymbol{D}$と$\boldsymbol{H}$、$\boldsymbol{B}$）計4つも出てくることが煩雑に感じられると思いますが、電場と磁場の表現方法を一覧にした56項の下表を見ると、4つの記号が系統的・規則的に組み込まれていることがわかります。

4つの記号$\boldsymbol{D}$、$\boldsymbol{E}$、$\boldsymbol{H}$、$\boldsymbol{B}$を使って表記してきたマクスウェルの方程式は実は電界は$\boldsymbol{E}$、磁界は$\boldsymbol{B}$のみで表すこともできます。この形式は$\boldsymbol{D}$、$\boldsymbol{H}$が出てこない点ですっきりする反面ε_0、μ_0という別の係数が入ります。逆に4つの記号$\boldsymbol{D}$、$\boldsymbol{E}$、$\boldsymbol{H}$、$\boldsymbol{B}$を使うとε_0、μ_0を使わずに式が書けるとも言えます。

要点BOX

●マクスウェル式は［電界、磁界］×［時間、空間］の2×2の表に並べると明快

電流と電荷のあり/なし時のマクスウェル方程式

	電荷と電流あるとき	電荷も電流もないとき
第1式 ファラデーの電磁誘導の法則	$\mathrm{rot}\ \boldsymbol{E} = -\dfrac{\partial \boldsymbol{B}}{\partial t}$	$\mathrm{rot}\ \boldsymbol{E} = -\dfrac{\partial \boldsymbol{B}}{\partial t}$
第2式 アンペア・マクスウェルの法則	$\mathrm{rot}\ \boldsymbol{H} = \boldsymbol{J} + \dfrac{\partial \boldsymbol{D}}{\partial t}$	$\mathrm{rot}\ \boldsymbol{H} = \dfrac{\partial \boldsymbol{D}}{\partial t}$
第3式 電場に関するガウスの法則	$\mathrm{div}\ \boldsymbol{D} = \rho$	$\mathrm{div}\ \boldsymbol{D} = 0$
第4式 磁場に関するガウスの法則	$\mathrm{div}\ \boldsymbol{B} = 0$	$\mathrm{div}\ \boldsymbol{B} = 0$

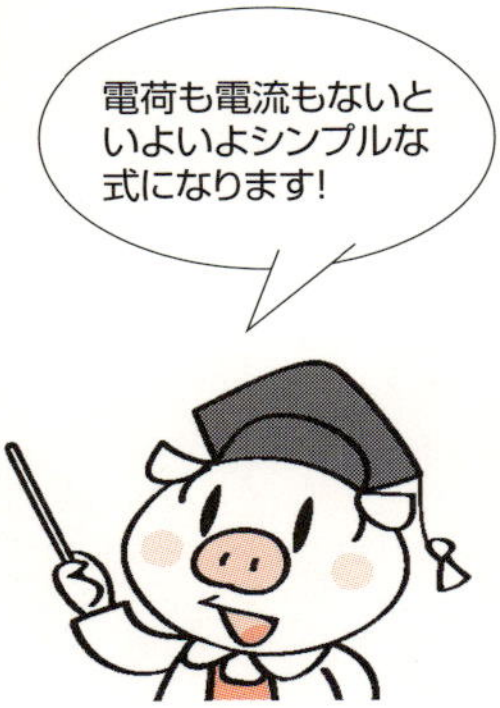
電荷も電流もないと
いよいよシンプルな
式になります!

マクスウェル方程式の2×2整理

（$\rho = 0$, $\boldsymbol{J} = 0$の場合）

	時間的性質	空間的性質
電界	$\mathrm{rot}\ \boldsymbol{E} = -\dfrac{\partial \boldsymbol{B}}{\partial t}$ …第1式 磁界が時間変化→電界発生	$\mathrm{div}\ \boldsymbol{D} = 0$ …第3式 電束密度の湧出は→電荷なければ0
磁界	$\mathrm{rot}\ \boldsymbol{H} = \dfrac{\partial \boldsymbol{D}}{\partial t}$ …第2式 電界が時間変化→磁界発生	$\mathrm{div}\ \boldsymbol{B} = 0$ …第4式 磁束密度の湧出は→無条件に0

第2式と第3式から***D***, と***H***を消去 → *E*, *B* のみのマクスウェル方程式

電荷も電流もないとき

第2式 $\mathrm{rot}\ \boldsymbol{H} = \dfrac{\partial \boldsymbol{D}}{\partial t}$ について

$\boldsymbol{D} = \varepsilon_0 \boldsymbol{E}$, $\boldsymbol{B} = \mu_0 \boldsymbol{H}$ を用いて***D***, ***H***を***E***, ***B***に置き換えて

$$\mathrm{rot}\ \frac{\boldsymbol{B}}{\mu_0} = \partial\ \frac{\partial(\varepsilon_0 \boldsymbol{E})}{\partial t}$$

$$\therefore\ \mathrm{rot}\ \boldsymbol{B} = \varepsilon_0 \mu_0 \frac{\partial \boldsymbol{E}}{\partial t} \quad \text{…第2*式}$$

第3式 $\mathrm{div}\ \boldsymbol{D} = 0$ でも同様に ***D***を***E***に置き換えて

$$\mathrm{div}(\varepsilon_0 \boldsymbol{E}) = 0$$

$$\therefore\ \mathrm{div}\boldsymbol{E} = 0 \quad \text{…第3*式}$$

$$\begin{cases} \mathrm{rot}\ \boldsymbol{E} = -\dfrac{\partial \boldsymbol{B}}{\partial t} & \text{…第1式} \\ \mathrm{rot}\ \boldsymbol{B} = \varepsilon_0 \mu_0 \dfrac{\partial \boldsymbol{E}}{\partial t} & \text{…第2*式} \\ \mathrm{div}\ \boldsymbol{E} = 0 & \text{…第3*式} \\ \mathrm{div}\ \boldsymbol{B} = 0 & \text{…第4式} \end{cases}$$

DとEが消えた代わりに
ε0とμ0が入っちゃいました

Column

マクスウェルによる電磁波理論とヘルツによる実証

マクスウェル（１８３１～１８７９年：英国）は電磁気学の理論構築の過程で電磁波の存在を１８６４年に予測しました。さらに彼が導出した電磁波の進行速度の理論値が当時すでに測定されていた光の速度の測定値と非常によく一致したことから光は電磁波であると１８７１年に発表しています。ところが彼の著書の中にも電磁波を発生させるための回路等に関する記述はなく、電磁波の発生方法や検出方法についての言及はなかったのです。これに対し電磁波の存在を証明した者に懸賞金を出すと発表（１８７９年）したのがベルリン科学アカデミーです。多くの研究者がチャレンジした中でついに検証に成功したのがヘルツ（１８５７～１８９４年：ドイツ）です。ヘルツは火花放電装置を用いて電磁波の検出に成功し１８８９年に論文として発表して電磁波の存在を実証しました。マクスウェルの理論予想から何と28年、懸賞金の発表からも10年という意外に長い歳月を要しています。マクスウェルの先進性を表すと同時に一般に実験実証の難しさを象徴しているとも言えそうです。

現代物理学においても、パウリにより１９３０年に存在が示唆され、フェルミにより１９３３年に命名されたニュートリノは１９５６年にライネスによって初めて原子炉からの発生が検出され、１９８７年には日本の巨大なカミオカンデ施設が超新星からのニュートリノの検出に成功し、その研究を推進した小柴昌俊教授のノーベル賞受賞（２００２年）により大きな話題となりました。

このように物理学上の理論予想と実験検証の間には長い年月がつきものです。最新物理学理論の実験検証に要するカミオカンデ等の検出器や粒子加速器等の設備はヘルツの火花放電装置とは比べものにならない規模で、国家予算や多国間の共同出資で推進するような巨大プロジェクトとなっているのがヘルツの時代との違いですね。

第9章

電磁波の発見（光は電磁波だった）

60 波とは何か？

電磁波導出の準備

マクスウェルは彼の４つの方程式セットから電磁波の存在を予言しました。これからその導出過程をたどって行きます。その前に、波とは何かについて本質を整理し、何を示せば波の存在が予言できるのか明確にしておきましょう。

時間的に変化（進行）することが波動の本質です。ロープを上下に揺らすと進行する波ができます。揺らす方向を y 軸に、波の進行方向を x 軸にとるとロープの各点の y 座標は $y=f(x, t)$ で表されます。

一般に媒体の変位（y）を、位置（x）と時間（t）を変数として表す関数 f が、次の条件を満たすとき、速度 v で進行する波動（振動）が存在可能です。

$$\partial^2 f/\partial x^2 = (1/v^2)(\partial^2 f/\partial t^2)$$

この式の左辺は位置での微分、右辺は時間での微分になっています。つまりこの式は「位置による変位」と「時間による変位」の関係式です。この微分方程式は「波動方程式」と呼ばれ、ある媒体（ここではロープ）の変位について波動方程式が成立するならば、波動が存在可能と言えます。すなわちマクスウェルの方程式から波動方程式が導き出せれば電界や磁界に関する波動が存在可能であると言え、その進行速度も明らかになります。

この式は1次元の波動方程式で、ロープの波のように x 軸方向に速度 v で進む波を表しています。これに対し、水面に石を投げたときの波紋は全方向に水面を伝わる2次元の波、花火の光や音は空間の全方向に進む3次元の波です。3次元の波の波動方程式は複雑な式になるのですが、こんなときは演算子の出番です。3次元の波動方程式は演算子∇を用いベクトル関数 $\boldsymbol{F}$ について次式で表されます。

$$\nabla^2 \boldsymbol{F} = (1/v^2)(\partial^2 \boldsymbol{F}/\partial t^2)$$

マクスウェルの方程式から上式が導ければ、3次元空間を進行する電界や磁界の波動の存在が予言でき、その進行速度 v もわかります。

要点BOX

- $\nabla^2 \boldsymbol{F} = (1/v^2)(\partial^2 \boldsymbol{F}/\partial t^2)$
- 上記波動方程式が成立すれば $\boldsymbol{F}$ の変位が速度 v で進行する波動が存在できる

波とは何か?

時間的に変化しながら進行するのが、波すなわち波動!

「山」は波形(なみがた)だけど、時間変化しないから波動じゃないね!
「海の波」は時間変化(進行)するから波動だね!

ロープを上下に揺らすと進行する波ができる。

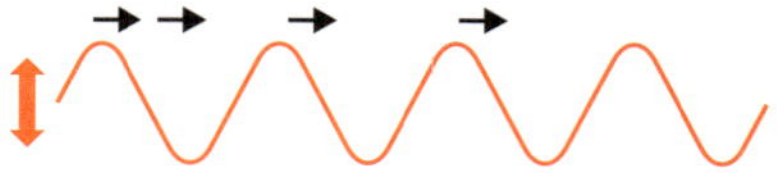
横波

これを式で表すと

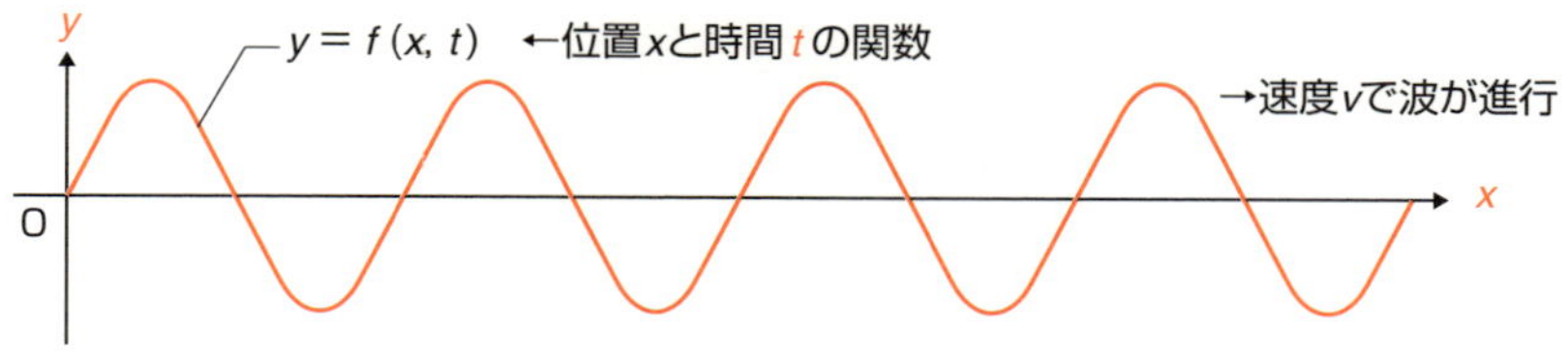
y
y = f (x, t)　←位置xと時間tの関数
→速度vで波が進行
0
x

媒体の変位を、位置(x)と時間(t) を変数として表す関数$f(x, t)$が次の条件を満たすとき、波動が存在できる。

$$\frac{\partial^2 f}{\partial x^2} = \frac{1}{v^2}\frac{\partial^2 f}{\partial t^2}$$

(vは波の進行速度)

左辺は位置で微分　右辺は時間で微分

「位置による変位(左辺)」と「時間による変位(右辺)」の関係式

このような形の微分方程式が「波動方程式」!

61 真空空間は波動を伝えるか？

媒質の拘束条件が波動の存在を決める

ここで、改めて波が伝わることの意味を確認しておきましょう。廊下の一端で太鼓を叩くともう一端にいる人には太鼓の音が聞こえます。これは廊下空間を満たす空気が太鼓の皮の振動を空気の密度差として伝えるからです。空気の詰まった空間は音に関する波動方程式を満足しているのです。

仮に、廊下の空気を全部抜いて真空にしてしまったらどうでしょう？ 音は聞こえません。真空空間は太鼓の振動を伝えることができないのです。真空空間は音に関する波動方程式を満足していません。

媒体が波動方程式を満たし、波が伝えられるのはどういう場合か、単純なロープの振動に立ち戻ってみましょう。ロープには隣り合う糸はバラバラには動けない拘束条件があります。そうでないと糸は切れてしまいます。実はこの拘束条件が波動方程式を成立させる要件になっているのです。

同様に、空気で満たされた廊下では隣り合う空気同士はバラバラには動けない拘束条件があり、その拘束条件により音に関する波動方程式が成立します。一方、真空空間にはそのような拘束条件がなく、音に関する波動方程式が成立しません。

さて、真空の廊下の一端で電界や磁界を振動させたとき、もう一端に置いたアンテナにその振動が伝わるでしょうか？ 空気のような媒質がない真空空間に伝達能力はあるでしょうか？ 少なくとも音に関しては、真空では伝達不能でしたので、空間に何かのガス物質ぐらいなければ伝達不能にも思えます。

実はそう悲観的でもありません。マクスウェルの方程式を思い出してください。マクスウェルの4つの方程式は真空中でも成立し、これは紛れもなく電界磁界に関しての拘束条件になっています。もしこの4式から波動方程式を導ければ、真空空間は電界や磁界の波動を伝達可能と言えるわけです。

要点BOX

●隣り合う媒質同士の拘束条件が、波動を伝えられるかどうかを決める

波が伝わるとは?(波動伝達条件)

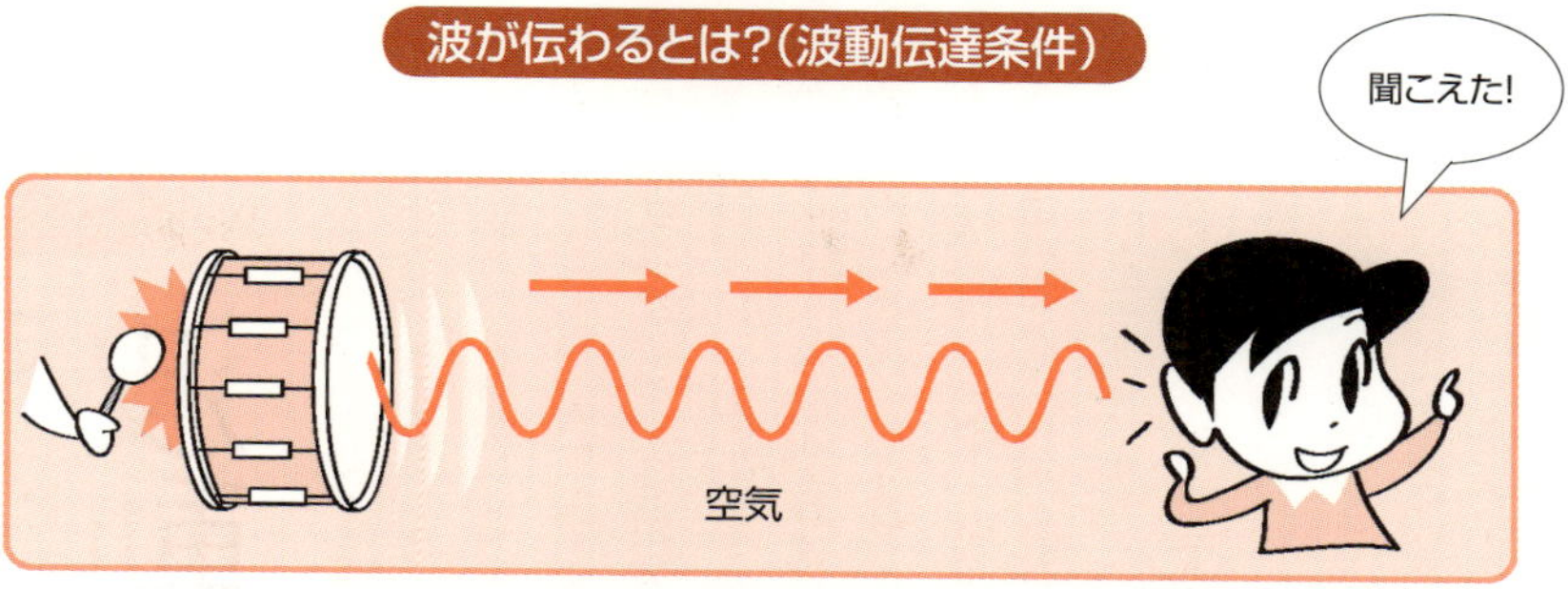
聞こえた!
空気

「空気あり」の空間は音圧を波として伝える条件を満たす(波動方程式が成立)

真空空間

「真空」空間は音圧を波として伝える条件を不満足(波動方程式が非成立)

ロープ媒体は「隣同士の糸がバラバラには動けない」という拘束条件により波を伝えられるのです!
4つの式から波動方程式が得られれば、真空空間が電磁気の波を伝えると言える!
ロープを伝わる波
!

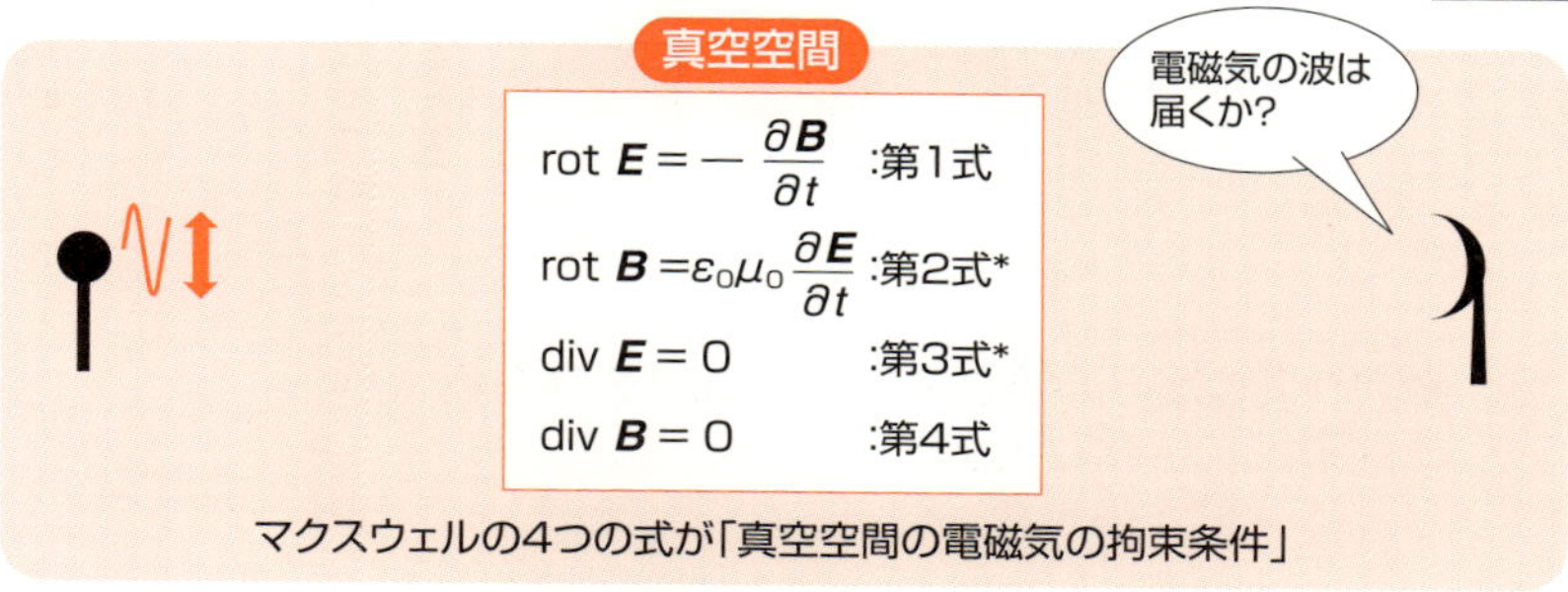
真空空間
電磁気の波は届くか?

$$\mathrm{rot}\,\boldsymbol{E} = -\frac{\partial \boldsymbol{B}}{\partial t}$$:第1式

$$\mathrm{rot}\,\boldsymbol{B} = \varepsilon_0 \mu_0 \frac{\partial \boldsymbol{E}}{\partial t}$$:第2式*

$$\mathrm{div}\,\boldsymbol{E} = 0$$:第3式*

$$\mathrm{div}\,\boldsymbol{B} = 0$$:第4式

マクスウェルの4つの式が「真空空間の電磁気の拘束条件」

62 マクスウェル式から波動方程式へ

電磁波の存在とその速度がわかった

$\nabla^2 \boldsymbol{F} = (1/v^2)(\partial^2 \boldsymbol{F}/\partial t^2)$の形の波動方程式をマクスウェルの方程式から導くというゴールが明確になったのですが、見通しはどうでしょう?

マクスウェル方程式の第1式と第2式は時間微分$\partial/\partial t$の式ですので、波動方程式の右辺に収まりがよさそうです。一方、第3と第4式は位置での微分の式ですので、波動方程式の左辺（∇^2は位置微分の演算子）にうまく収まりそうです。

詳細は左ページに記しますが、第1式と第3式と第2式を用いて次式が得られます。

$$\nabla^2 \boldsymbol{E} = \varepsilon_0 \mu_0 (\partial^2 \boldsymbol{E}/\partial t^2)$$

同様に第2、第4、第1式から次式が得られます。

$$\nabla^2 \boldsymbol{B} = \varepsilon_0 \mu_0 (\partial^2 \boldsymbol{B}/\partial t^2)$$

ここで$B=\mu_0 H$の関係により次式も成立します。

$$\nabla^2 \boldsymbol{H} = \varepsilon_0 \mu_0 (\partial^2 \boldsymbol{H}/\partial t^2)$$

電界$\boldsymbol{E}$と磁界$\boldsymbol{H}$の波動方程式が揃いました!

波動方程式の一般形と見比べると$1/v^2=\varepsilon_0 \mu_0$ですので、速度$v=1/\sqrt{\varepsilon_0 \mu_0}$で伝わる$\boldsymbol{E}$、$\boldsymbol{H}$の波動の存在を意味します。これで、真空における電界と磁界に関する波動すなわち電磁波の存在が理論的に証明されたことになります。

さて、その波動はどのような速度で伝わるのか計算してみましょう。

$\varepsilon_0 = 8.854\times10^{-12}$，$\mu_0 = 4\pi\times10^{-7}$の値を用いて、次のように算出されます。

$$v=1/\sqrt{\varepsilon_0 \mu_0}=2.979\times10^8 \text{[m/s]}$$

かなり速そうですが、この単位で表記されてもピンときませんね。これは約30万km／sという速さで、38万km離れた月まで約1秒で到達できる速度です。どこかで聞き覚えのある速さ? そう光の速度と同じです! これは偶然の一致でしょうか。電磁波は光の一種? それとも光が電磁波の一種でしょうか? 正解は「光は電磁波の一種!」です。ついに光の正体がわかったというわけです。

要点BOX

- ●マクスウェルの法則は波動方程式を与える
- ●電磁波の速度は光速と同じ約30万km/s
- ●光は電磁波の一種

電界$\boldsymbol{E}$の波動方程式の導出

第1式 $\mathrm{rot}\,\boldsymbol{E} = -\dfrac{\partial \boldsymbol{B}}{\partial t}$ の両辺の
rot 演算を実行して

$$\mathrm{rot}\,\mathrm{rot}\,\boldsymbol{E} = -\,\mathrm{rot}\,\frac{\partial \boldsymbol{B}}{\partial t}$$

二重rotの変換公式により

磁束密度$\boldsymbol{B}$の波動方程式の導出

第2式 $\mathrm{rot}\,\boldsymbol{B} = \varepsilon_0\mu_0\dfrac{\partial \boldsymbol{E}}{\partial t}$ の両辺の
rot 演算を実行して

$$\mathrm{rot}\,\mathrm{rot}\,\boldsymbol{B} = \mathrm{rot}\,\varepsilon_0\mu_0\frac{\partial \boldsymbol{E}}{\partial t}$$

二重rotの変換公式により

二重rotの変換公式

任意のベクトル$\boldsymbol{A}$について
$\mathrm{rot}\,\mathrm{rot}\,\boldsymbol{A} = \mathrm{grad}\,\mathrm{div}\boldsymbol{A} - \nabla^2\boldsymbol{A}$

電界$\boldsymbol{E}$

左辺 $= \mathrm{rot}\,\mathrm{rot}\,\boldsymbol{E} = \mathrm{grad}\,\mathrm{div}\,\boldsymbol{E} - \nabla^2\boldsymbol{E}$

第3式 $\mathrm{div}\,\boldsymbol{E} = 0$より

$= -\nabla^2\boldsymbol{E}$

右辺 $= -\,\mathrm{rot}\,\dfrac{\partial \boldsymbol{B}}{\partial t}$

$= -\dfrac{\partial}{\partial t}\,\mathrm{rot}\,\boldsymbol{B}$ （微分の順序入替）

第2式 $\mathrm{rot}\,\boldsymbol{B} = \varepsilon_0\mu_0\dfrac{\partial \boldsymbol{E}}{\partial t}$ より

$= -\dfrac{\partial}{\partial t}\left(\varepsilon_0\mu_0\dfrac{\partial \boldsymbol{E}}{\partial t}\right)$

$= -\varepsilon_0\mu_0\dfrac{\partial^2 \boldsymbol{E}}{\partial t^2}$

左辺 = 右辺により

$$\nabla^2\boldsymbol{E} = \varepsilon_0\mu_0\frac{\partial^2 \boldsymbol{E}}{\partial t^2}$$

電界Eの波動方程式が得られたよ!

磁束密度$\boldsymbol{B}$

左辺 $= \mathrm{rot}\,\mathrm{rot}\,\boldsymbol{B} = \mathrm{grad}\,\mathrm{div}\boldsymbol{B} - \nabla^2\boldsymbol{B}$

第4式 $\mathrm{div}\,\boldsymbol{B} = 0$より

$= -\nabla^2\boldsymbol{B}$

右辺 $= \mathrm{rot}\,\varepsilon_0\mu_0\dfrac{\partial \boldsymbol{E}}{\partial t}$

$= \varepsilon_0\mu_0\dfrac{\partial}{\partial t}\,\mathrm{rot}\boldsymbol{E}$ （微分の順序入替）

第1式 $\mathrm{rot}\,\boldsymbol{E} = -\dfrac{\partial \boldsymbol{B}}{\partial t}$ より

$= \varepsilon_0\mu_0\dfrac{\partial}{\partial t}\left(-\dfrac{\partial \boldsymbol{B}}{\partial t}\right)$

$= -\varepsilon_0\mu_0\dfrac{\partial^2 \boldsymbol{B}}{\partial t^2}$

左辺 = 右辺により

$$\nabla^2\boldsymbol{B} = \varepsilon_0\mu_0\frac{\partial^2 \boldsymbol{B}}{\partial t^2}$$

磁束密度Bの波動方程式が得られたよ!

真空空間は電界と磁界の波（電磁波）を伝えられるという訳じゃ!

63 光とは何か？

波長が人間の目のセンサの感度域にある電磁波が光

マクスウェルは、電界の変化が磁界を発生することを示すアンペア・マクスウェルの式を発見しました。そのことで、電磁界を記述するのに必要十分な4つの式が揃い、4つの式から波動方程式を導出することで電磁波の存在とその速度を理論的に導出することができ、ついに光は電磁波の一種であることを示すことに成功しました（1864年）。

電磁波の一種とはどういう意味でしょうか？ 波には波長があり、電磁波にも色々な波長があり得ます。光の波長はおよそ400～700[nm]（0.0004～0.0007[mm]）の範囲にありますが、例えばFM放送の電波の波長は3[m]前後と光よりも遙かに長く、逆にX線の波長は1[nm]（0.000001[mm]）程度で、光よりずっと短い領域にあります。放送電波やX線が目に見えないのに光だけが目に見えるのは、人間の網膜にある電磁波センサ（桿体や錐体）の感度域がたまたま400～700[nm]の波長範囲に限られているからです。人間はその検出可能（見える）範囲の電磁波を光と呼んでいます。このセンサの感度域は種によって多少異なり、昆虫類には人間には見えない電磁波である紫外線域まで見えたりするようです。

ところで電磁波の速度（光速）$c=1/\sqrt{\varepsilon_0\mu_0}$ は真空中の式ですので、任意の物質中において、光を含む電磁波の速度について考えてみましょう。比誘電率ε_s比透磁率μ_sの物質中で光の速度vは、真空中の光速をcとして次のようになります。

$$v=c/\sqrt{\varepsilon_s\mu_s}\ \mathrm{[m/s]}$$

$\sqrt{\varepsilon_s\mu_s}$ は物質の屈折率nと呼ばれており、物質中の光の速度vは$v=c/n$とも記述できます。常に$n \geqq 1$なので必然的に$c \geqq v$であり、光は物質中では真空中より必ず遅くなります。

ちなみに、空気中では$\varepsilon_s \fallingdotseq 1$，$\mu_s \fallingdotseq 1$なので光の速度は真空中とほぼ同じです。

要点BOX

- 屈折率$n=\sqrt{\varepsilon_s\mu_s}$
- 物質中の光の速度は$v=c\ /\ n$

波の「波長―速度―周波数」の関係

$$\lambda = \frac{v}{f} \quad (\lambda\text{: 波長, } v\text{: 速度, } f\text{: 周波数})$$

代表的な電磁波の波長と周波数

代表的電磁波	波長	波のイメージ図	紫色光を1とした波長の倍率	周波数
FM横浜 84.7 MHz	3,500 mm (3.5 m)	波形を図示しても変化が緩やかすぎて直線にしか見えない!	900万倍	84.7 MHz
レーダー	~1 mm	同上	2,500倍	30万 MHz
赤色光 700 nm	0.0007 mm	λ	1.8倍	4億 MHz
紫色光 400 nm	0.0004 mm	λ	1倍	8億 MHz
X線 1 nm	0.000001 mm	波形を図示すると波が重なってしまって真っ黒に見える!	1/400 倍	3000億 MHz

波長が短い

可視領域

周波数が高い

64 電磁波の表現方法

1次元にシンプル化

ここまで3次元の電磁波を考えてきましたが、もう少しシンプルな場合について考えてみましょう。ある微小な1点から発した電磁波は球面波として3次元のあらゆる方向に伝わっていきます。発生源から遠くなるにつれて球面波の球面の曲がり具合は平面に近くなっていきますので、発生源から十分遠い位置では平面波であるとみなして近似することができます。このとき、例えば進行方向を *x* 軸とすると、この平面波は *x* 軸を進行方向とする1次元の波動として扱うことが可能になります。例えば太陽から射出する光は球面波ですが、遠く離れた地球上では平面波として扱って良いのです。

1次元の波動であれば、紙上に図示が可能になり、ロープの波のような横波の図で表すことができますので、直観的にも理解しやすくなります。電界 ***E*** の波と磁界 ***H*** の波は常に直交し（***E***⊥***H***）、かつ山谷が同期した（位相が揃った）状態で、もちろん同一速度で進行することを示しました。このように電界の変化と磁界の変化がセットになった状態で進むのが電磁波であり、電界の波も磁界の波も各々単独では存在し得ません。

電界と磁界の相互作用が連鎖的に起きながら電磁波として伝搬していくことを、互いに鎖交するループ状の電気力線と磁力線の絡み合いとして図示すると、電磁波の伝搬原理が直観的に理解しやすいと思います。下図は、導線（棒状アンテナ）上で電流変化を起こすとその変位電流により導線を囲むループ状の磁界ができ、この磁界の強度変化によりその磁界ループを囲むループ状電界ができ、その電界の強度変化によりその電界ループを囲むループ状磁界がまたでき…という電界と磁界の連鎖反応が電磁波であることを示しています。

要点BOX

- ●球面波も遠方では1次元の平面波と見なせる
- ●電磁波は電気力線と磁力線の鎖交の連続として理解可能

平面波（1次元）へのシンプル化

［3次元の式］　　　　［1次元の式］

$$\nabla^2 \boldsymbol{E} = \varepsilon_0 \mu_0 \frac{\partial^2 \boldsymbol{E}}{\partial t^2} \rightarrow \frac{\partial^2 E}{\partial x^2} = \varepsilon_0 \mu_0 \frac{\partial^2 E}{\partial t^2}$$

$$\nabla^2 \boldsymbol{H} = \varepsilon_0 \mu_0 \frac{\partial^2 \boldsymbol{H}}{\partial t^2} \rightarrow \frac{\partial^2 H}{\partial x^2} = \varepsilon_0 \mu_0 \frac{\partial^2 H}{\partial t^2}$$

1次元の波動

電界 ***E*** の波と磁界 ***H*** の波は常に直交し（***E***⊥***H*** ）、
同一位相かつ同一速度で進行

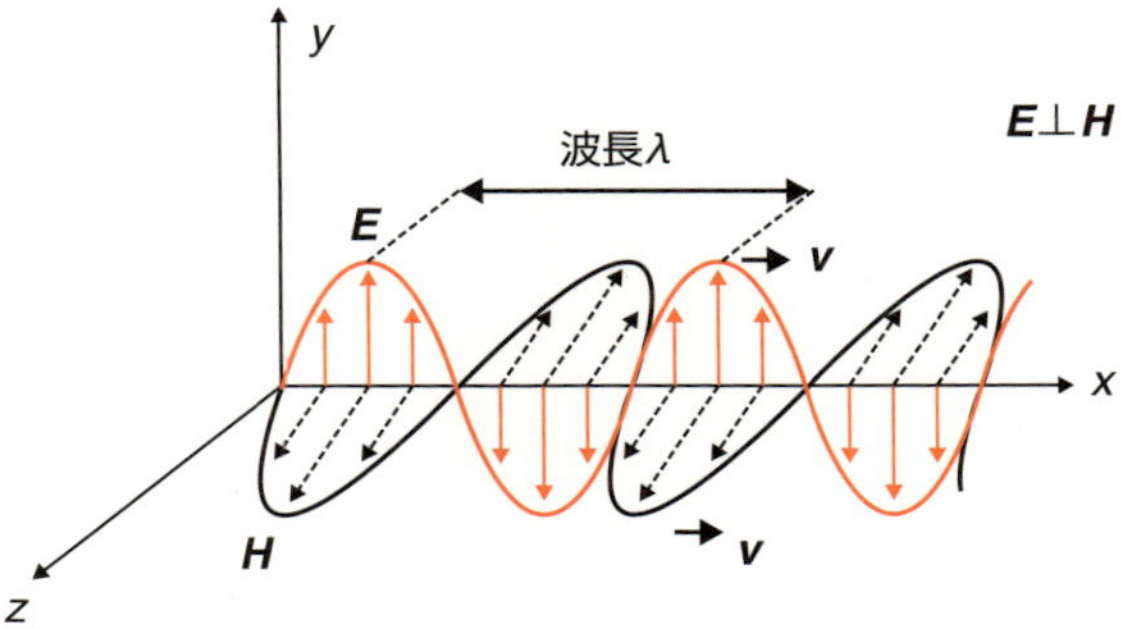

E と ***H*** は *x* 軸に垂直な振幅のみを持つ横波

ループ状の電気力線と磁力線の連鎖として表現した電磁波の伝搬

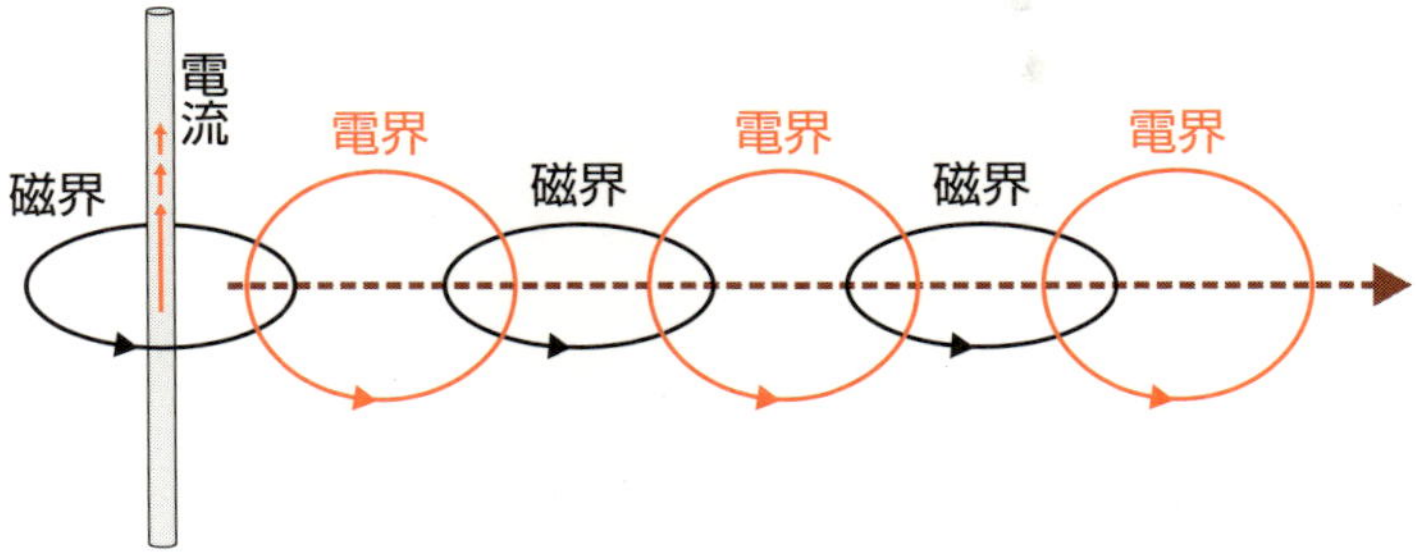

65 電磁気学の構造

本書で学んだことを振り返る

いよいよエピローグです。電磁気学ではこのあと電磁波の偏光、反射、回折等の話が続き、「電磁光学」とも呼ばれる分野に入っていきます。電磁気学の全体像把握をねらいとした本書では〝光は電磁波〟の理解までを大事な一里塚としてじっくり解説し、ここが本書のゴールです。どのようにしてこのゴールまで進んできたか振り返ってみましょう。

私たちは摩擦帯電を例に電気の本質を知り、電荷同士にクーロン力が働くことを確認し、電荷と電界の関係を示すガウスの法則等について学びました。実はこれは「静電場」すなわち電荷が止まっている状態に限定したときの理論でした。

次に私たちは、電流が磁界を発生させることを確認し、電流と磁界の関係を表すアンペアの法則について学びました。これは電荷が等速運動している場合の話で、電荷の加速減速はない場合に限定して考えていました。

最後に私たちは磁界が増減すると電界が生まれることをファラデーの電磁誘導の法則として学び、逆に電界が増減すると磁界が生まれることをマクスウェルの方程式により知りました。これは電荷が加速度運動する、電流変動ありのレベルまで拡張した、限定なくあらゆる場合に適用可能な理論です。

このように、①静電場→②時間的定常場（電流あり）→③時間的非定常場（電流変化あり）と徐々に高度な場合（限定の少ない状況）へと話を進め、ついに電磁波の存在確認ができる最終段階まで到達したのです。

私たちは電磁気学の発展史をほぼ年代順にたどったことになります。クーロン、ガウス、ラプラス、ポアッソン、アンペール、ファラデー、マクスウェル等の偉大な先人達が積み上げてきた学問体系を駆け抜けてきました。先人達の偉大な業績に敬意を払いつつ、本書の結びとしたいと思います。

要点BOX

●静止電荷の場 → 定電流の場 → 電流変化の場の順に学んだ

電磁気学の構造

（①→②→③の順に学んできた）

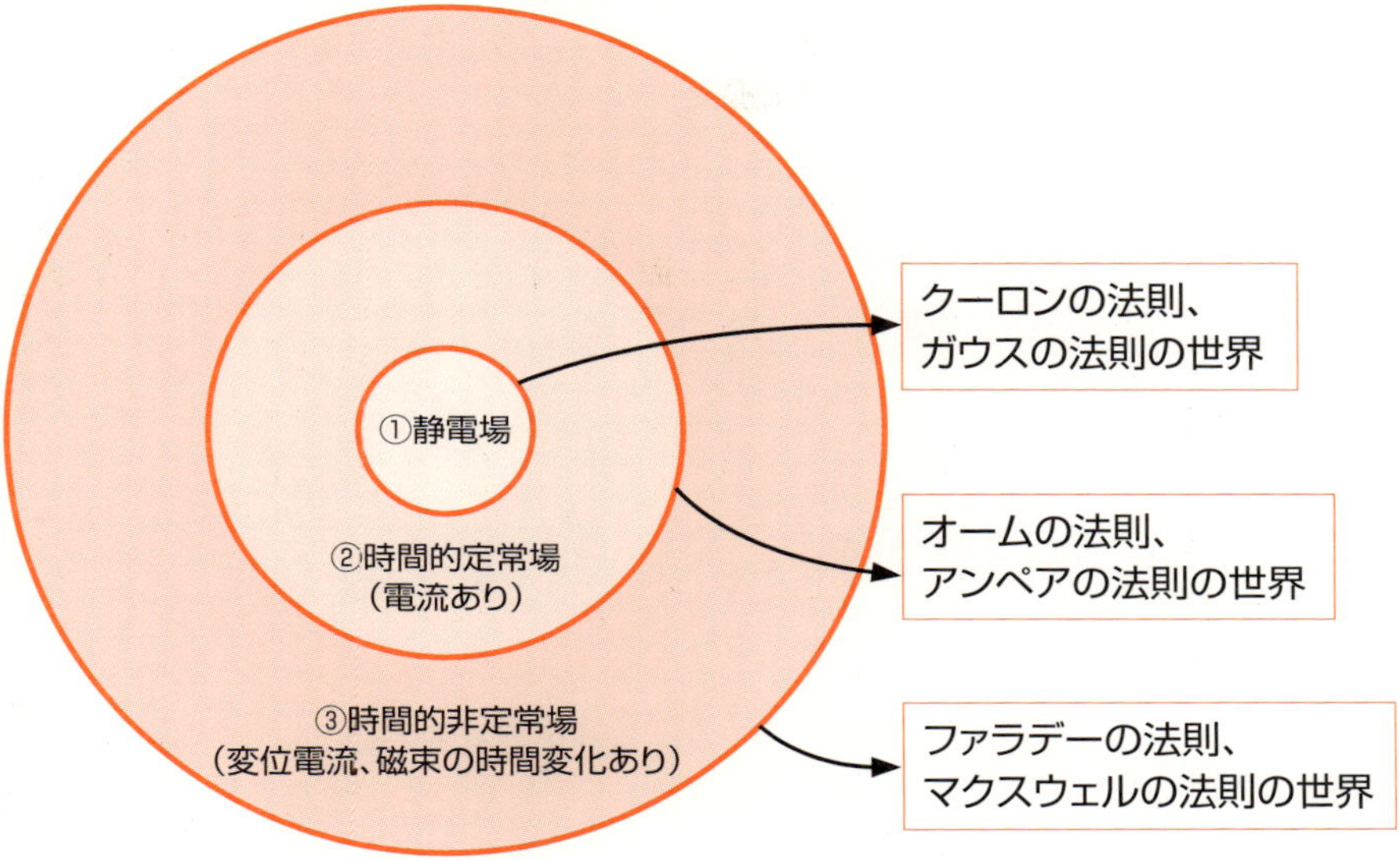

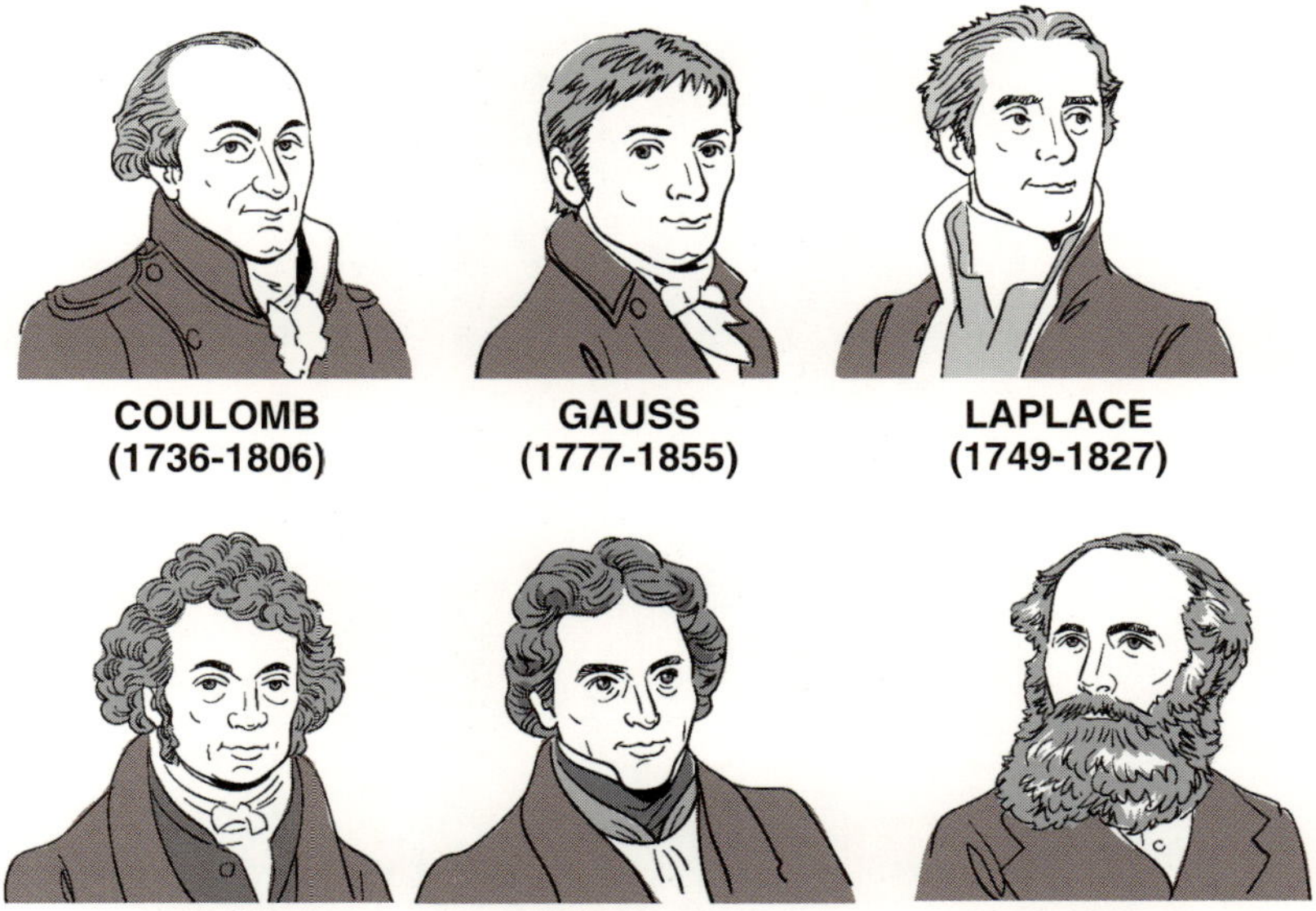

COULOMB (1736-1806)　GAUSS (1777-1855)　LAPLACE (1749-1827)

AMPÈRE (1775-1836)　FARADAY (1791-1867)　MAXWELL (1831-1879)

Column

人の行列も波動を伝える?

人気アトラクション等に長蛇の列がよくできますが、その列に並んでいるとき、同じペースでゆっくりと進むのではなく、「進んでは止まり」を繰り返した経験はありませんか? 実はそのような状態の行列を遠くから観察すると、行列の隙間が先頭から最後尾まで伝わって行く様子が見られます。これはゆるいコイルばねの端から端まで疎密波が伝わっていく様子に似ていて、行列がまるで波動を伝えているようにも見えます。

実はこの行列は広い意味で波動現象と言うことができなくもありません。この種の行列には実は暗黙のルールがあって、前の人と余り間隔を空けすぎると後ろの人がイライラし始めるので、みんな自分の前に間隔が空いたら速やかに進んで間隔を詰める行動を取ります。これはコイルばねの拘束条件であるところの、ばねが局所的に伸びると隣接する領域を強く引っ張るという性質（ルール）とよく似ています。コイルばねのこの性質はばね媒体の拘束条件となって波動方程式の存在を可能としているのですが、人の行列も「自分の前に間隔が空いたら速やかに進んで間隔を詰める」という行列の拘束条件が波動の存在を可能としていると考えることができそうです。群衆も波動を起こすってちょっと面白いと思いませんか?

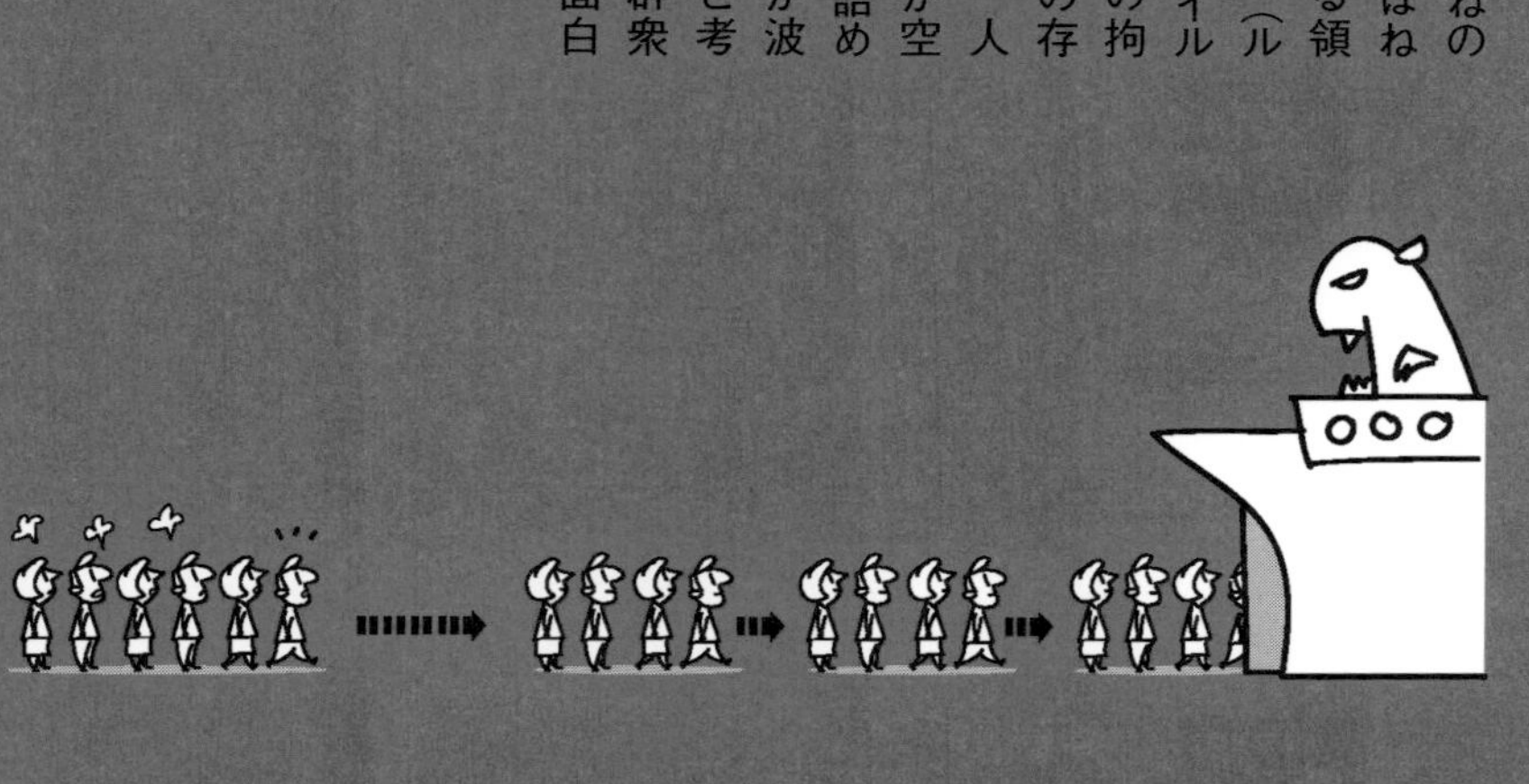

【参考文献】

藤田広一「電磁気学ノート」（コロナ社、1971年）
後藤尚久「なっとくする電磁気学」（講談社、1993年）
R. A. Serway（著）、松村博之（訳）「科学者と技術者のための物理学Ⅲ 電磁気学」（学術図書出版社、1995年）
霜田光一「歴史をかえた物理実験」（丸善、1996年）
河野照哉「電気磁気学」（丸善、1997年）
藤村哲夫「電気発見物語」（講談社、2002年）
木幡重雄「電磁気の単位はこうして作られた」（工学社、2003年）

❹積分

・不定積分

x^nの不定積分は$\dfrac{x^{n+1}}{n+1}$+C これを式で書くと

$\int x^n dx = \dfrac{x^{n+1}}{n+1}$ +C （C：積分定数）

例）$\int x^2\,dx = \dfrac{x^{2+1}}{2+1} + C = \dfrac{x^3}{3} + C$

$\int \dfrac{1}{x^2}\,dx = \int x^{-2}dx = \dfrac{x^{-2+1}}{-2+1} + C$

$= \dfrac{x^{-1}}{-1} + C = -\dfrac{1}{x} + C$

・定積分

$\int_a^b x^n\,dx = \left[\dfrac{x^{n+1}}{n+1}\right]_a^b = \left(\dfrac{b^{n+1}}{n+1}\right) - \left(\dfrac{a^{n+1}}{n+1}\right)$

例）$\int_a^b x^2\,dx = \left[\dfrac{x^{2+1}}{2+1}\right]_a^b = \left[\dfrac{x^3}{3}\right]_a^b = \dfrac{b^3}{3} - \dfrac{a^3}{3}$

❺偏微分

例えばx, y, zの関数$f(x, y, z)$をxで偏微分[記号は$\dfrac{\partial}{\partial x}$]するなら、$f(x, y, z)$において$y, z$は定数とみなした上で$x$に関して微分すればよい。

例：　x, yの関数$f(x, y)$が、$f(x, y) = x^2 - y^2$で与えられているとき

関数$f(x, y)$のxによる偏微分：$\dfrac{\partial}{\partial x} f(x, y) = \dfrac{\partial}{\partial x}(x^2 - y^2) = 2x$

関数$f(x, y)$のyによる偏微分：$\dfrac{\partial}{\partial y} f(x, y) = \dfrac{\partial}{\partial y}(x^2 - y^2) = 2y$

❻行列

2行2列の

$$行列A=\begin{pmatrix} a_1 & a_2 \\ b_1 & b_2 \end{pmatrix}$$

があるとき、行列式|A|は

$$|A| = \begin{vmatrix} a_1 & a_2 \\ b_1 & b_2 \end{vmatrix} = a_1b_2 - a_2b_1$$

同様に、3行3列の行列では

$$行列A=\begin{pmatrix} a_1 & a_2 & a_3 \\ b_1 & b_2 & b_3 \\ c_1 & c_2 & c_3 \end{pmatrix}$$

があるとき、行列式|A|は

$$|A| = \begin{vmatrix} a_1 & a_2 & a_3 \\ b_1 & b_2 & b_3 \\ c_1 & c_2 & c_3 \end{vmatrix} = a_1\begin{vmatrix} b_2 & b_3 \\ c_2 & c_3 \end{vmatrix} + a_2\begin{vmatrix} b_3 & b_1 \\ c_3 & c_1 \end{vmatrix} + a_3\begin{vmatrix} b_1 & b_2 \\ c_1 & c_2 \end{vmatrix}$$

$$= a_1(b_2c_3 - b_3c_2) + a_2(b_3c_1 - b_1c_3) + a_3(b_1c_2 - b_2c_1)$$

本書で使用する数学の基本公式集

❶三角関数

$\sin\theta = y/r = y/\sqrt{(x^2+y^2)}$
$\cos\theta = x/r = x/\sqrt{(x^2+y^2)}$
$\tan\theta = y/x$

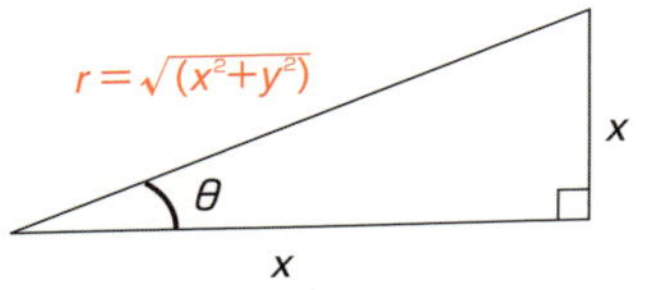

❷ベクトルの内積と外積

- ベクトルの内積

$\boldsymbol{A}\cdot\boldsymbol{B} = |\boldsymbol{A}|\,|\boldsymbol{B}|\cos\theta$（内積は方向を持たないスカラー量）
（ただし$|\boldsymbol{A}|$はベクトル$\boldsymbol{A}$の絶対値、すなわち矢印の長さを表す。$|\boldsymbol{B}|$も同様）

- ベクトルの外積

ベクトル$\boldsymbol{A}$と$\boldsymbol{B}$の外積 $\boldsymbol{A}\times\boldsymbol{B}=\boldsymbol{C}$
$\boldsymbol{C}$はベクトル$\boldsymbol{A}$と$\boldsymbol{B}$の両方に垂直なベクトルで
$\boldsymbol{C}$の大きさ（絶対値）$|\boldsymbol{C}|=|\boldsymbol{A}||\boldsymbol{B}|\sin\theta$
ちなみに $\boldsymbol{B}\times\boldsymbol{A}=-\boldsymbol{C}$

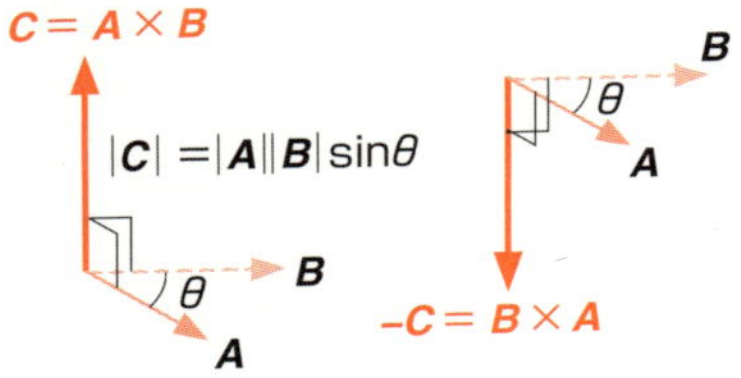

❸微分

- 微分の基本

x^nの微分は$nx^{(n-1)}$

$(x^n)' = nx^{(n-1)}$

例）$(x^2)' = 2x^{(2-1)} = 2x$
　　$(x)' = 1x^{(1-1)} = x^0 = 1$

- 複合関数の微分

u, vがそれぞれxの関数であるとき、uのx微分をu'、vのx微分をv'と記すならば

$(uv)' = u'v + uv'$

例）$\{(x^3+2)(x^2+1)\}' = (x^3+2)'(x^2+1)+(x^3+2)(x^2+1)'$
$=3x^2(x^2+1)+(x^3+2)(2x) = 3x^4+3x^2+2x^4+4x$
$= 5x^4+3x^2+4x = x(5x^3+3x+4)$

- 複合関数の微分（分数形）

$\left(\frac{u}{v}\right)' = \left(\frac{u'v-uv'}{v^2}\right)$

例）
$$\left(\frac{x^3+2}{x^2+1}\right)' = \frac{(x^3+2)'(x^2+1)'-(x^3+2)'(x^2+1)'}{(x^2+1)^2}$$
$$= \frac{3x^2(x^2+1)-(x^3+2)2x}{(x^2+1)^2}$$
$$= \frac{x^4+3x^2-4x}{(x^2+1)^2}$$
$$= \frac{x(x^3+3x-4)}{(x^2+1)^2}$$

今日からモノ知りシリーズ
トコトンやさしい
電磁気の本

NDC 427

2016年10月25日　初版1刷発行

ⓒ著者　面谷　信
発行者　井水 治博
発行所　日刊工業新聞社
東京都中央区日本橋小網町14-1
(郵便番号103-8548)
電話　書籍編集部　03(5644)7490
販売・管理部　03(5644)7410
FAX　03(5644)7400
振替口座　00190-2-186076
URL　http://pub.nikkan.co.jp/
e-mail　info@media.nikkan.co.jp
印刷・製本　新日本印刷(株)

●DESIGN STAFF
AD——志岐滋行
表紙イラスト——黒崎　玄
本文イラスト——輪島正裕
ブック・デザイン——矢野貴文
(志岐デザイン事務所)

●
落丁・乱丁本はお取り替えいたします。
2016 Printed in Japan
ISBN　978-4-526-07622-0　C3034

●著者略歴
面谷 信（おもだに まこと）

東海大学工学部光・画像工学科教授
電子ペーパー、視覚認識、3D表示等の研究に従事

1955年　鳥取県境港市生まれ
1974年　米子東高校卒業
1980年　東北大学大学院機械工学第二専攻修士課程修了。同年日本電信電話公社（現NTT）入社（横須賀電気通信研究所に勤務）
1987年　工学博士（東京大学）
1997年　東海大学工学部光学工学科助教授
2002年　東海大学工学部光・画像工学科教授

【学会活動】
日本画像学会会長、日本印刷学会理事、SID日本支部長、JBMIA電子ペーパーコンソーシアム委員長
(Society for Imaging Science and Technology, 日本画像学会, 画像電子学会 各フェロー)

【主な著書】
「デジタルハードコピー技術」（共著）共立出版、2000年
「紙への挑戦 電子ペーパー」森北出版、2003年
「電子ペーパー」（監修）東京電機大学出版局、2008年